밤 베이킹

밤으로 만드는 서양과자와 화과자 레시피

시모조노 마사에 지음

황세정 옮김

BOOKERS

해마다 여름이 끝날 무렵이 되면 '이제 슬슬 밤이 나오겠는데?'라는 생각에 마음이 들뜹니다. 마트 앞 진열대에 생밤이 수북이 쌓이고, 제과점과 전통 과자점에서는 밤이 들어간 메뉴를 선보입니다. 밤을 좋아하는 사람에게는 그야말로 설레는 계절이지요.

요즘은 밤을 사용하는 베이킹이 드물지 않지만, 제가 제과 공부를 시작한 이십 년 전만 해도 제과점에서 만드는 밤과자에는 대부분 수입 가공품을 사용했기에 밤을 접할 기회가 거의 없었습니다.

그런 제가 어느 제과점의 몽블랑을 맛본 것을 계기로 밤 맛에 눈을 뜨게 되었습니다. 마치 밤 그 자체를 먹는 듯한 진한 맛과 섬세하고도 다채로운 풍미가 느껴져 한동안 그 여운에 취해 있었습니다.

그렇게 밤 맛에 매료된 저는 급기야 몇 년 뒤, 보늬밤 조림을 직접 만들어보기에 이르렀습니다. 그때까지만 해도 시판 제품을 사용했기에 밤 조림을 직접 만들어본 것은 처음이었습니다. 만드는 법조차 몰라서 인터넷을 열심히 검색해보았지만, 만드는 법이 제각각이라 무엇이 옳은 방법인지 알 수 없었습니다.
어떻게든 되지 않을까 하는 심정으로 일단 일을 벌여보았지만, 밤의 겉껍질을 벗기는 작업부터가 쉽지 않았습니다. 깜박하고 속껍질까지 다 깎아버리거나 힘들게 깎고 보니 벌레 먹은 밤이라 울고 싶었던 적도 있었습니다. 심지어 다 손질하고 보니 멀쩡한 밤이 절반밖에 되지 않은 적도 있습니다.
그래도 해마다 가을만 되면 온갖 시행착오를 거치면서도 보늬밤 조림을 꾸준히 만들었고, 그렇게 조금씩 저만의 레시피가 만들어졌습니다. 이제는 가을철마다 밤을 손질해 저장 식품을 만드는 일이 저만의 즐거운 연례행사가 되었습니다.

이 책에서는 그렇게 만들어진 제 보늬밤 조림 레시피를 비롯한 기본적인 밤 저장 식품과 이를 이용한 서양과 일본의 과자를 소개합니다.

밤 고유의 섬세한 풍미와 식감이 잘 살도록 보늬밤 조림과 밤 설탕 조림을 이용한 과자는 되도록 밤의 형태를 그대로 남기고, 밤 페이스트를 이용한 과자는 설탕을 제외한 다른 첨가물을 거의 넣지 않아 밤 특유의 향과 풍미를 끌어내려고 노력했습니다.

이 책을 통해 많은 분들이 밤을 활용한 과자와 디저트를 만들면서 가을의 풍요로움을 더욱 만끽하시길 바랍니다.

시모조노 마사에

밤이야기

밤 베이킹을 시작하기 전에
밤의 품종과 출하 시기를 확인해보자.
맛있는 밤과자를 만들기 위해
제철에 구할 수 있는 좋은 밤에 대해
미리 알아두면 도움이 된다.

[밤의 제철과 품종]

밤에는 여러 품종이 있다. 밤은 품종에 따라 크기와 단맛, 껍질의 단단함에도 차이가
있다. 만들고자 하는 음식에 맞춰 품종을 선택할 때, 단순히 풍미만을 따질 것이 아니
라 작업하기 쉬운 품종을 골라야 더 편리하게 밤을 손질할 수 있다. 생밤은 주로 8월
말에서 11월에 출하된다. 품종별 수확 시기가 짧으므로 제철을 놓치지 않도록 출하
시기를 미리 확인해두는 게 좋다. 밤의 품종에 따른 특성을 알아둔다면 베이킹을 비
롯해 밤을 활용한 요리를 할 때 더 쉽고 맛있게 만들 수 있다.

[주요 품종별 특징]

단택
알이 비교적 굵고 밤 특유의 포슬포슬한
식감을 즐기고 싶을 때 사용하면 좋다. 삶
은 밤이 밤밥 등에 어울린다.

축파
알이 굵고 단맛과 향이 강하다. 저장성이
좋고 광택이 매끄럽게 돌아 비교적 쓰기
편하다.

포로탄
알이 굵으며, 껍질에 칼집을 넣어 가열하
면 속껍질까지 쉽게 벗겨진다. 열매가 노
란색을 띠므로 밤 설탕 조림이나 밤밥, 밤
페이스트를 만들기 좋다.

은기
좋은 풍미와 촉촉한 식감을 지닌 것이 특
징이다. 알은 굵지만 겉껍질은 얇아 벗
기기 편해 보늬밤 조림을 만들기에 적합
하다.

국견
알은 굵지만, 단맛과 풍미는 적은 편이다.
삶은 밤이나 찐 밤, 밤 페이스트 등 두루두
루 활용하기 좋다.

옥광
과실은 원형으로 적갈색을 띠고 광택이
우수하여 모양이 아름답다. 중간 정도 크
기로 맛이 깊고 향도 짙다.

이평
포슬포슬한 식감과 강한 풍미를 지녀 소
박하면서도 진한 맛을 내는 품종이다. 삶
거나 쪄서 먹으면 그러한 특징이 더욱 두
드러진다.

대보
밤송이가 크고 알도 굵은 편이다. 과육은
단단하여 저장이 쉬우며 맛이 좋고 삶거
나 구웠을 때 속껍질이 잘 벗겨져 손질하
기 쉽다.

※ 밤의 출하 시기는 그해 밤의 생육 상황이나 산지에 따라 다소 차이 날 수 있다.

이 책에서는 '은기'와 '이평'을 주로 사용한다

밤 베이킹에 가장 많이 쓰는 품종은 은기와 이평이다. 은기는 겉껍질이 얇아 벗기기 쉬워
손질하기 편하고, 속껍질이 깨끗하고 섬유질이 적어 특히 보늬밤 조림을 만들기에 효율
적이고 모양도 예쁘게 나온다. 또 촉촉한 식감과 섬세하고 고급스러운 맛을 지녀 어느 과
자에나 잘 어울린다. 이평은 맛과 향이 모두 좋지만, 겉껍질이 매우 단단해 벗기기가 쉽
지 않다. 보늬밤 조림을 만들면 시럽이 검게 변해버려 보기 좋지 않기에 속껍질까지 벗기
는 밤 설탕 조림이나 밤 페이스트에 사용한다. 또 당질이 적당히 들어 있어 마롱 샹티나
구리코모치를 만들 때 밤 페이스트를 부슬부슬한 알갱이 형태로 만들기 쉬워 많이 쓴다.

그럼 이제 생밤을 사서 저장 식품을 만들 준비를 해보자.
밤은 무엇보다 신선도가 중요하다.
밤을 고르는 법과 보관 방법을 알아보고, 상태가 좋은 밤을 사용하자.

[밤 고르기]

밤은 단단한 겉껍질에 싸여 있어서 얼핏 보기에는 상온에 며칠을 두어도 괜찮을 것 같지만, 사실 매우 섬세한 과일이다. 수확한 순간부터 풍미가 떨어지기 시작하고, 마르거나 흠집이 생긴다. 밤을 살 때는 전체적으로 볼록하고 무게가 나가며 겉껍질이 매끈하고 윤기가 흐르며 색이 진한 신선한 밤을 고르는 게 좋다. 밤은 벌레 먹는 일이 많으므로 작은 구멍이 나 있거나 흠집이 있는 것, 혹은 하얀 가루가 붙어 있는 것, 밤의 아랫부분에 검은 얼룩이 있고 끈적이는 것은 피하도록 한다.

좋은 밤 고르는 법: 사 온 밤을 하나씩 손에 쥐고 엄지로 눌러보며 확인한다. 이때 움푹 들어가거나 찌그러지는 밤은 속이 꽉 차 있지 않다는 뜻이니 사용하지 않는 게 좋다. 또 밤을 씻을 때, 물에 담가보는 방법도 있다. 이때 물 위로 뜨는 밤은 너무 말랐거나 벌레가 있을 수 있으니 이것도 버리도록 한다.

[보관 방법]

생밤은 쉽게 마르므로 상온에 그대로 두면 수분이 빠져나가 알맹이가 쪼그라들어 풍미가 떨어진다. 따라서 밤을 사면 일주일 안에 사용하는 것이 좋다. 상온에 그대로 두면 벌레 먹기 쉬우므로 바로 사용하지 않을 시에는 신문지로 싸서 냉장실에 보관한다. 하지만 밤을 저온에 1~4주간 보관하면 전분이 당으로 바뀌어 오히려 단맛이 증가한다. 냉장고의 야채실에 보관해두었다가 밤 자체의 단맛을 느낄 수 있는 밤밥이나 찐밤 등을 해 먹는 것이 좋다.

냉장 보관법: 밤에 이물질이 많이 묻어 있을 때는 깨끗한 물로 씻은 다음, 키친타월로 물기를 닦아낸 후 신문지로 싼다. 그런 다음 비닐봉지에 넣고 입구를 접은 다음(완전히 밀봉하지 않는다), 냉장실의 야채실에 넣는다. 보관 중에 밤에서 나온 수분이 신문지를 적시면 새 신문지로 갈아준다.

[벌레 제거하기]

마트에서 판매하는 밤이나 농가에서 직접 사는 밤은 잘 선별된 밤이 대부분이고, 개중에는 살충 처리를 거친 밤도 있으므로 이 과정이 필요하지 않을 수도 있다. 하지만 알밤 줍기 체험 행사 등을 통해 얻은 밤은 그대로 두었다가는 벌레가 꼬이므로 당일에 바로 벌레 제거 작업을 해두는 것이 좋다.

벌레 제거 방법: 냄비에 물을 가득 부어 50℃로 데운 다음, 상태가 좋은 밤을 골라 30분간 담가 둔다(물 온도는 50℃를 유지). 밤이 완전히 식을 때까지 흐르는 물에 씻은 다음 물기를 닦고 신문지 위에 펼쳐 그늘에 말린다. 밤이 완전히 마르면 신문지에 싸서 냉장고의 야채실에 보관한다.

[밤 깎는 도구]

밤을 깎을 때는 기본적으로 날이 잘 드는 식칼이나 과도를 사용한다. 나는 겉껍질과 속껍질 모두 패티 나이프(사진 왼쪽)로 깎는다. 칼날 길이가 12cm 정도인 칼을 쓰면 방향 전환이 쉬워서 단단한 겉껍질을 벗기는 작업부터 속껍질의 심을 제거하거나 깎다 남은 껍질과 거뭇한 부분을 도려내는 섬세한 작업까지 두루두루 할 수 있다. 평소에도 자주 쓰는 도구를 사용하면 도구가 손에 익어 피로감도 덜하고 작업 효율도 올라간다.

밤 깎는 도구 사용하기: 시중에 판매하는 밤 깎는 도구 중에는 가위형이나 펜치형(사진 오른쪽), 필러형 등 여러 종류가 있으니 자신에게 맞는 제품을 쓰면 된다. 펜치형은 손잡이를 쥔 상태에서 날을 움직여 큰 힘을 들이지 않고도 밤의 겉껍질을 벗겨낼 수 있다.

CONTENTS

Prologue

미리 만들어 두고두고 먹는
밤 저장 식품

Chapter 1

고급스러운 느낌의
밤으로 만드는 서양과자

Chapter 2

섬세하고 소박한 맛
밤을 이용한 화과자

【일러두기】

• 1작은술=5ml, 1큰술=15ml, 1컵=200ml이다.

• 제철과 보관 기간 모두 대략적인 기준이므로 실제
  로는 다소 차이 날 수 있다. 이 책의 레시피보다 설
  탕의 양을 줄이면 보관 기간이 더 짧아진다.

• 달걀은 M 사이즈(껍데기를 제외한 전란 약 50g, 대란
  ~특란에 해당한다)를 사용한다. 전란 약 50g 중 달걀
  노른자 20g, 흰자 30g을 기준으로 한다.

• 소금은 모두 게랑드 소금(과립), 버터는 모두 무염
  버터를 사용한다.

• 전자레인지 가열 시간은 600W 제품 기준이다. 기종
  이나 와트(W) 수에 따라 차이 날 수 있으니 상태를
  지켜보며 시간을 조절한다.

• 오븐의 굽는 온도나 굽는 시간은 기종에 따라 다소
  차이 날 수 있으니 사용하는 오븐에 맞춰 시간을 조
  절한다.

이 책의 사용법

이 책에서는 생밤으로 만드는 기본적인 밤 저장 식품과
이를 이용한 다양한 베이킹 레시피를 소개한다.
먼저 각 저장 식품으로 만들 수 있는 과자의 종류를 확인하고,
이를 만들기 적합한 밤을 준비하자.

밤 저장 식품

보늬밤 조림
(만드는 법 12p)

밤 설탕 조림
(만드는 법 16p)

밤 페이스트
(만드는 법 20p)

밤 과자

【보늬밤 조림으로 만드는 과자】
· 밤을 넣은 럼 케이크(28p)
· 깊은 맛의 밤 마들렌(34p)
· 밤 트러플 초콜릿(40p)
· 밤과 헤이즐넛을 넣은 타르트(44p)
· 밤과 블랙커런트를 넣은
 빅토리아 샌드위치 케이크(45p)
· 흑당과 커피를 넣은
 구겔호프 마롱(50p)
· 마롱 파이(52p)
· 밤을 넣은 바스크 치즈케이크(54p)
· 밤과 호지차를 넣은
 파운드케이크(56p)
· 밤과 커피를 넣은
 버터 샌드위치 쿠키(57p)
· 밤과 전립분을 넣은 스콘(62p)
· 밤과 블랙커런트를 넣은 파르페(68p)
· 밤을 넣은 도라야키
 ~밤앙금&보늬밤 조림 도라야키(76p)

【밤 설탕 조림으로 만드는 과자】
· 밤과 꿀을 넣은 롤케이크(36p)
· 밤을 넣은 가토 쇼콜라(42p)
· 밤과 호지차를 넣은 파르페(69p)
· 밤과 말차를 넣은 우키시마(72p)
· 밤을 넣은 도라야키~통팥앙금
 &밤 설탕 조림 도라야키(76p)
· 밤을 넣은 찐 양갱(78p)
· 밤을 넣은 고하쿠토(80p)
· 밤 모나카(83p)
· 밤을 넣은 긴쓰바(88p)
· 밤을 넣은 다이후쿠(90p)

【밤 페이스트로 만드는 과자】
고운 타입
· 밤의 풍미 가득한 몽블랑(32p)
· 밤과 꿀을 넣은 롤케이크(36p)
· 밤과 블랙커런트를 넣은 파르페(68p)
· 밤을 넣은 도라야키
 ~밤앙금&보늬밤 조림 도라야키(76p)

거친 타입 혹은 고운 타입
· 마롱 샹티(64p)
· 밤 아이스크림 ~
 일본 밤 아이스크림(66p)
· 밤과 호지차를 넣은 파르페(69p)
· 구리킨톤(82p)
· 구리코모치(86p)

【그대로 즐기는 저장 식품】

밤잼(24p)

밤버터(24p)

10

Prologue

미리 만들어
두고두고 먹는
밤 저장 식품

가을이 되면 베이킹에 밤이 빠질 수 없다.
먹음직스럽게 생긴 보늬밤 조림은 베이킹의 주인공이 되고,
밤 설탕 조림은 롤케이크를 비롯해
다양한 화과자에 두루 들어간다.
보늬밤 조림과 밤 설탕 조림 모두 예쁘게 조려지면 기분이 좋다.
밤 페이스트는 대표적인 밤 디저트인 몽블랑이나 구리킨톤에 쓰인다.
겉껍질이나 속껍질을 일일이 벗기고
밤을 삶는 동안 거품을 계속 걷어내야 하지만
밤 저장 식품을 미리 만들어두면 맛있는 과자를 만들 수 있다.

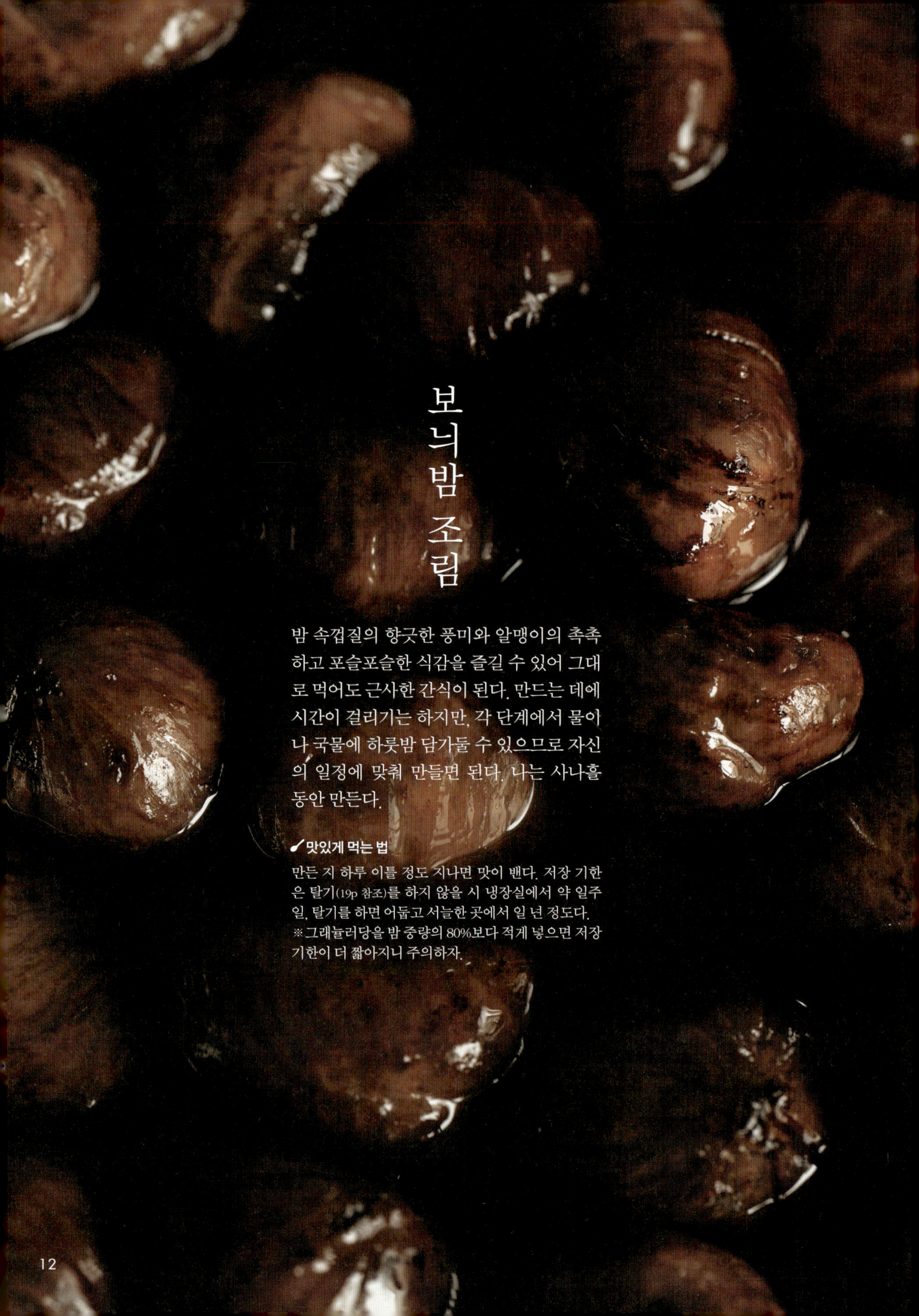

보
늬
밤
조
림

밤 속껍질의 향긋한 풍미와 알맹이의 촉촉
하고 포슬포슬한 식감을 즐길 수 있어 그대
로 먹어도 근사한 간식이 된다. 만드는 데에
시간이 걸리기는 하지만, 각 단계에서 물이
나 국물에 하룻밤 담가둘 수 있으므로 자신
의 일정에 맞춰 만들면 된다. 나는 사나흘
동안 만든다.

✔ 맛있게 먹는 법

만든 지 하루 이틀 정도 지나면 맛이 밴다. 저장 기한
은 탈기(19p 참조)를 하지 않을 시 냉장실에서 약 일주
일, 탈기를 하면 어둡고 서늘한 곳에서 일 년 정도다.
※그래뉼러당을 밤 중량의 80%보다 적게 넣으면 저장
기한이 더 짧아지니 주의하자.

재료 (권장 분량)

밤—500g

⇒가정에서 한번에 만드는 밤의 양은 냄비 크기에 맞춘 500~1,500g이 적당하다. 처음 만들 때는 500g부터 도전해보는 것이 좋다.

식용 베이킹소다—3~5작은술

그래뉼러당—겉껍질을 벗겨 삶은 밤 중량의

　　　　50~100%(이 책에서는 80%)

준비

가능하면 밤을 전날부터 미리 찬물에 푹 담가둔다.

겉껍질을 잘 벗기는 요령

[밤이 따뜻한 상태에서 벗긴다]

밤을 50℃ 정도로 데운다. 껍질을 벗기는 도중에 밤 온도가 내려가서 겉껍질이 딱딱해지면 재가열해서 다시 데운다.

[손에 장갑을 끼고 한다]

밤을 계속 데우면서 껍질을 벗겨야 하므로 얇은 면장갑 위에 일회용 니트릴 장갑을 끼고 하면 밤이 조금 뜨거워도 손쉽게 작업할 수 있다.

[작은 흠집 정도는 괜찮다]

겉껍질을 벗길 때 속껍질에 (a)처럼 지름 5mm 정도의 흠집이 나도 괜찮다. 이 정도 흠집이 났다고 해서 가열할 때 (b)처럼 밤이 쪼개지지는 않는다. 하지만 흠집이 너무 크게 났을 때는 속껍질을 전부 벗겨서 밤 설탕 조림(16p)에 사용하거나 설탕을 적당량 뿌려서 냉동 보관해두었다가 밤밥 등을 만들 때 활용하는 것이 좋다.

겉껍질 벗기기

step 1　밤을 씻어 냄비에 넣고 물을 가득 부은 후 중불에 올려 50℃ 정도로 데운다.

⇒밤을 데워야 겉껍질이 부드러워져서 벗기기 쉬워진다.

step 2　밤의 볼록하게 올라온 면의 바닥 부분에 패티 나이프의 날을 살짝 밀어 넣은 다음, 겉껍질을 위로 잡아당기듯이 벗겨나간다(왼쪽). 볼록한 면의 겉껍질을 다 벗겼으면 평평한 면의 겉껍질 윗부분을 손끝으로 잡아당겨 껍질을 한번에 벗긴다(오른쪽).

step 3　마지막으로 바닥 부분의 겉껍질을 손으로 떼어낸 다음, 심이 있으면 잡아당겨(왼쪽) 제거한다(오른쪽).

⇒심이 쉽게 떨어지지 않을 때는 밤을 끓여 떫은맛을 제거한 후(step 9) 떼어낸다.

step 4　밤은 한 개씩 겉껍질을 벗길 때마다 바로바로 물을 가득 채운 볼에 담가 마르지 않게 한다.

⇒밤의 겉껍질을 일일이 벗기기 쉽지 않으므로 이대로 하룻밤 두었다가 다음 날 이어서 해도 된다.

step 5 냄비에 밤을 담고, 물을 새로 가득 부은 뒤 중불에 올린다. 김이 나기 시작하면 베이킹소다 1작은술을 넣는다.
⇒ 베이킹소다를 넣어야 속껍질의 떫은맛이 더 잘 빠진다.

step 6 물이 끓으면 불을 약불로 줄인 상태에서 10~15분간 조용히 끓인다. 불을 끈 후에도 1분간 그대로 둔다.
⇒ 물을 펄펄 끓이면 밤이 뭉개질 수 있으니 주의하자!

step 7 냄비째 싱크대로 옮긴 다음, 수도꼭지를 틀어 뜨거운 물을 냄비 가장자리에 천천히 붓는다. 냄비에 담긴 물이 깨끗해질 때까지 온수를 부어 물을 간다.
⇒ 온도가 급격히 변하면 밤이 깨질 수 있으므로 찬물이 아니라 뜨거운 물을 붓는다.

step 8 물이 투명해질 때까지 냄비에 뜨거운 물을 가득 받아 step 5~7의 작업을 2~4번 반복한다.
⇒ 뜨거운 물을 갈 때마다 베이킹소다를 넣는다. 사진처럼 탁했던 물이 맑아져 연한 홍차색을 띨 때까지 반복한다(완전히 투명해지지는 않는다). 떫은맛을 다 제거하고 나면 이대로 하룻밤 두어도 괜찮다.

step 9 step 8을 실온에서 식힌 후, 밤을 흐르는 물에 댄 채로 속껍질 주변에 붙어 있는 심을 손가락으로 부드럽게 쓸어 제거한다.

step 10 사진처럼 검은 심이 모두 사라진 모습이 이상적이지만, 심이 잘 떨어지지 않는 품종도 있다. 억지로 떼어내려고 세게 문질렀다가는 속껍질이 벗겨지거나 흠집이 생길 수 있으니 떼어낼 수 있는 만큼만 떼어내자.

step 11 밤의 무게를 잰 다음, 밤 중량의 50~100% 양의 그래뉼러당을 준비한다.

⇒ 그래뉼러당은 밤 중량의 50~100%를 기준으로, 입맛에 맞게 양을 조절한다. 이 책에서는 밤 중량의 80%를 사용했다.

step 12 냄비에 밤을 담고 물을 가득 부어 조금 약한 중불에 올린다. 김이 나기 시작하면 준비한 그래뉼러당의 3분의 1을 넣는다.

step 13 종이 포일을 냄비 크기로 잘라 칼집을 내어 밤 위에 덮는다. 물이 끓으면 약불로 줄이고 15~20분간 조린다. 불을 끄고 반나절 그대로 두었다가 약불에 올리고 준비한 그래뉼러당의 3분의 1을 넣고 15~20분간 조린 후 반나절 동안 그대로 둔다. 이 과정을 한 번 더 반복한다.

step 14 드디어 완성이다. 바로 먹지 말고, 1~2일 정도 두었다가 먹어야 맛이 더 진하게 밴다.

⇒ 설탕을 적게 사용할 경우, step 13에서 마지막으로 그래뉼러당을 넣어 조린 뒤, 하룻밤 동안 그대로 두었다가 맛을 한 번 본다. 이때 단맛이 부족하게 느껴지면 그래뉼러당을 적당히 더 넣고 약불에 한 번 끓인 다음 반나절 동안 그대로 둔다.

※ 밤을 끓인 냄비에 얼룩이 남았을 때는 냄비에 물을 받아 약 50℃로 가열한 다음, 산소계 표백제를 제품에 표시된 양만큼 넣어 1시간 정도 두면 잘 닦인다.

step 15 깨끗한 병에 담고, 밤이 완전히 잠기도록 시럽을 붓는다.

⇒ 1주일 이내에 사용할 예정이라면 냉장 보관한다. 장기 보관하려면 step 13의 마지막 가열을 마친 뒤 열탕 소독한 병에 담아 탈기(19p 참고)를 한 후, 어둡고 서늘한 곳에 보관한다.

양주를 첨가해 풍부한 맛을 더한다

양주를 넣어 향을 더하면 맛이 한 층 풍부해져서 과자에도 잘 어울린다. 럼주와 브랜디는 중후한 맛과 달콤한 향이 밤과 잘 어울리며, 그랑 마니에르는 비터 오렌지의 상큼한 향이 가볍고 화사한 느낌을 낸다. 양주를 첨가하고 싶을 때는 step 13에서 마지막으로 밤을 15~20분간 조린 뒤에 원하는 양주를 1~3큰술 정도 넣어 다시 한번 살짝 끓인 후 그대로 반나절 동안 두면 된다.

밤 설 탕 조 림

화사한 노란색과 부드러운 밤의 풍미가 매력적인 밤 설탕 조림. 팥앙금과도 잘 어울려 특히 일본 전통 과자인 화과자에 많이 쓰인다. 조리는 과정에서 부서질 때가 많아 주의해야 하지만, 부서진 밤을 활용하는 과자도 많이 있으니 부담 갖지 말고 만들어보자.

✔ 맛있게 먹는 법
만든 지 하루 이틀 정도 지나면 맛이 밴다.
저장 기한은 탈기(19p 참조)를 하지 않을 시 냉장실에서 약 열흘. 탈기를 하면 어둡고 서늘한 곳에서 일 년 정도다.
※ 그래뉼러당을 분량의 물 중량(400g)의 65%보다 적게 넣으면 저장 기한이 더 짧아지니 주의하자.

재료 (권장 분량)

밤—500g

⇒밤에는 폴리페놀이 함유되어 있어 가공이나 저장 중에 검게 변색될 수 있으나 맛에는 영향이 없다. 밤이 신선하면 비교적 변색이 덜 된다.

소백반—1큰술 조금 넘게

⇒소백반을 녹인 물에 밤을 담그면 떫은맛이 제거될 뿐만 아니라, 밤이 뭉개지거나 변색되는 것을 막는 효과가 있다. 하지만 소백반을 넣지 않고도 만들 수는 있다.

치자 열매—1개

그래뉴러당—분량의 물 중량의 50~100%(이 책에서는 65%)

⇒그래뉴러당을 적게 넣으면 밤의 전분이 물에 쉽게 녹아내려 저장 중에 시럽이 부옇게 흐려질 수 있다. 장기 저장할 시에는 그래뉴러당의 양을 분량의 물 중량(400g)의 65% 이상으로 하는 것이 좋다.

물—400g

준비

• 가능하면 밤을 전날부터 미리 찬물에 푹 담가둔다.

• 소백반을 물에 녹인다. 볼에 물 1리터를 담고, 소백반을 넣어 녹인다(a).

   ⇒소백반을 쓰지 않을 시에는 이 과정을 생략한다.

• 치자 열매는 티백에 담고 밀대 등으로 두드려 부순다(b).

step 1 '보늬밤 조림'의 step 1~3(13p)을 참조해서 따뜻하게 데운 밤의 겉껍질을 패티 나이프로 벗긴 뒤 미지근한 물(약 40℃)을 가득 받은 볼에 담근다.

⇒밤을 미지근한 물에 담근 채로 하룻밤 두어도 된다. 나중에 속껍질도 벗길 테니 이 단계에서 심을 말끔히 제거하지 않아도 된다.

step 2 패티 나이프로 속껍질을 갈색 부분이 남지 않도록 조금 두껍게 벗긴다. 먼저 밤의 옆면 속껍질을 위에서부터 빙 둘러 깎는다(왼쪽). 그런 다음 밤의 평평한 면을 위에서 아래쪽(바닥 부분)으로 깎은 다음 남아 있는 볼록한 면의 속껍질도 같은 방법으로 깎는다(오른쪽).

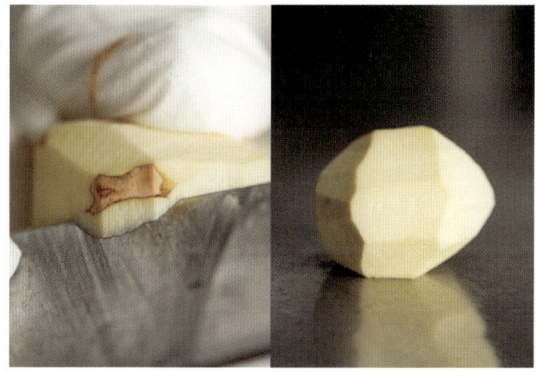

step 3 깎고 남은 속껍질이나 거뭇한 부분을 제거한다(왼쪽). 속껍질을 완전히 벗긴 모습(오른쪽).

step 4 깎은 밤은 앞서 소백반을 미리 녹인 물에 담가 2~3시간 둔다.

⇒소백반을 사용하지 않을 시에는 찬물에 2~3시간 담근다.

step 5 밤을 씻어 냄비에 담고 물을 가득 부은 후 준비한 치자 열매를 넣어 조금 약한 중불에 올린다. 물이 끓으면 약불로 줄이고, 20~45분간 삶는다.

⇒밤은 쉽게 부서지므로 불 조절을 잘해야 한다. 너무 푹 익지 않도록 중간중간 잘 살피면서 삶는다. 소백반을 녹인 물에 담갔던 밤은 삶는 시간이 조금 길어지는 경향이 있다.

step 6 꼬치로 찔렀을 때 푹 들어갈 정도로 밤이 익으면 불을 끈다.

⇒나무 꼬치는 조금 굵은 편이라 찌르다가 밤이 쪼개질 위험이 있다. 되도록 케이크 테스터나 가느다란 꼬치 등을 사용하는 것이 좋다.

step 7 치자 열매를 건진 후, 익힌 밤은 그대로 실온에서 식힌다.

step 8 밤을 한 개씩 흐르는 물에 조심스럽게 씻는다.

step 9 냄비에 밤과 분량의 물 400g을 넣는다.

step 10 물 중량의 50~100%에 해당하는 그래뉴러당을 준비한 다음, 절반을 냄비에 붓는다.

⇒그래뉴러당은 물 중량의 50~100%를 기준으로 삼고, 입맛에 맞게 양을 조절한다. 이 책에서는 65%를 사용했다.

step 11 종이 포일에 칼집을 내어 일회용 뚜껑을 만들어 밤 위에 덮고, 냄비를 조금 약한 중불에 올린다. 물이 끓으면 불을 약불로 줄여 10분 정도 조린다. 남은 그래뉴러당을 넣고 마찬가지로 10분간 조린 뒤, 불을 꺼 그대로 하룻밤 둔다.

step 12 냄비를 다시 조금 약한 중불에 올리고, 한 번 끓어오르면 불을 끄고 그대로 식힌다.

step 13 깨끗한 병에 담은 뒤, 밤이 완전히 잠기도록 시럽을 붓는다.

⇒ 열흘 이내에 사용할 시에는 냉장실에 보관한다. 장기 보관할 경우, step 12에서 한 번 끓인 뒤 식기 전에 열탕 소독한 병에 담아 탈기(하단 참조)를 한 후 어둡고 서늘한 곳에 보관한다.

열탕 소독과 탈기 방법

밤 저장 식품을 장기 보관할 때는 병과 숟가락을 열탕 소독하고 탈기하는 작업이 필요하다.

[열탕 소독]
1 커다란 냄비 바닥에 행주나 키친타월을 깔고, 그 위에 깨끗이 씻은 병과 뚜껑, 밤을 뜰 때 사용할 숟가락을 놓은 다음, 병이 완전히 잠길 정도로 물을 부어 중불에 올린다.
2 물이 끓으면 1~2분 정도 가열한 후, 집게 등을 이용해 건진다(화상 주의). 깨끗한 행주나 키친타월 위에 병을 거꾸로 세운 다음, 그대로 건조한다(a).

[탈기]
1 커다란 냄비 바닥에 행주나 키친타월을 깔고, 병 높이의 70% 정도까지 잠기도록 물을 부어 중불에 올린다.
2 열탕 소독한 병에 숟가락으로 병 80~90% 정도까지 밤을 채운 다음, 밤이 완전히 잠기도록 시럽을 붓는다.
3 뚜껑을 끝까지 완전히 닫았다가 살짝 풀어서 1의 냄비에 조심스레 넣는다. 물이 끓으면 불을 약불로 줄여 15분간 펄펄 끓인다.
4 병을 꺼내어 행주 등으로 감싸 뚜껑을 꽉 닫는다. 병을 냄비에 다시 넣고 약불에서 20분간 더 끓인 뒤, 불을 끄고 그대로 식힌다(b). 끓이는 도중에 물이 줄어들면 뜨거운 물을 적당히 붓는다.

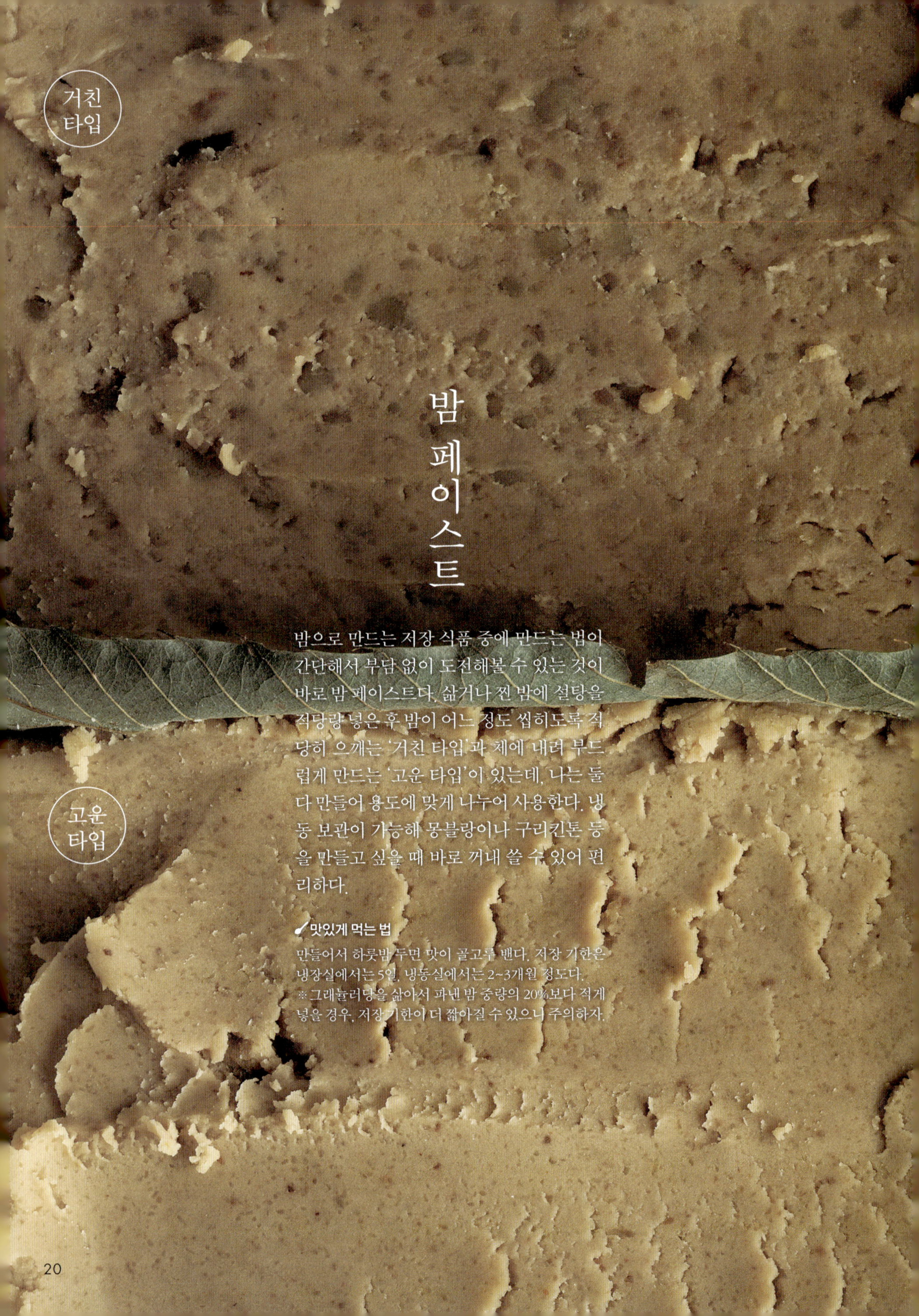

거친
타입

밤
페
이
스
트

밤으로 만드는 저장 식품 중에 만드는 법이
간단해서 부담 없이 도전해볼 수 있는 것이
바로 밤 페이스트다. 삶거나 찐 밤에 설탕을
적당량 넣은 후 밤이 어느 정도 씹히도록 적
당히 으깨는 '거친 타입'과 체에 내려 부드
럽게 만드는 '고운 타입'이 있는데, 나는 둘
다 만들어 용도에 맞게 나누어 사용한다. 냉
동 보관이 가능해 몽블랑이나 구리킨톤 등
을 만들고 싶을 때 바로 꺼내 쓸 수 있어 편
리하다.

고운
타입

✔ 맛있게 먹는 법
만들어서 하룻밤 두면 맛이 골고루 밴다. 저장 기한은
냉장실에서는 5일, 냉동실에서는 2~3개월 정도다.
※ 그래뉴러당을 삶아서 파낸 밤 중량의 20%보다 적게
넣을 경우, 저장 기한이 더 짧아질 수 있으니 주의하자.

재료 (거친 타입·고운 타입 모두 권장 분량*)

밤—500g

그래뉼러당—삶아서 파낸 밤 중량의 20~30%
　　　　　　(이 책에서는 20%)

소금—한 꼬집

*거친 타입, 고운 타입 두 가지를 동시에 만들 때는 재료를
　두 배로 준비해 각각 밤 500g을 사용해 만든다.

준비

밤은 전날 물에 미리 담가두는 것이 좋다.

밤을 익히는 방법

[압력솥을 이용할 경우]
밤을 하룻밤 동안 물에 담가 둔 후, 밤이 터지지 않도록 윗부분에 패티 나이프로 일자 혹은 십자의 칼집을 낸다. 압력솥에 밤을 넣고, 밤이 잠길 만큼 물을 부은 다음 불에 올린다. 압력이 걸리면 불을 약불로 줄여 7분간 가압한 후 불을 끈다. 그대로 두었다가 압력이 빠져나가면 밤을 꺼낸다.

[찔 경우]
김이 나는 찜기에 밤을 넣고 50~60분간 찐다. 가열 중에 물이 줄어들면 뜨거운 물을 적당량 넣는다.

밤
삶
기

step 1　밤을 씻어 냄비에 넣고 물을 가득 부어 중불에 올려 50~60분간 삶는다. 삶는 도중에 물이 줄어들면 뜨거운 물을 적당히 더 붓는다.

⇒밤 크기에 따라 가열 시간이 차이 나므로 어느 정도 시간이 지나면 밤을 한 개 건져서 반으로 잘라 익은 정도를 확인하는 것이 좋다.

속
파
내
기

step 2　물기를 닦아낸 후 밤을 세로 방향으로 반으로 자른다.

⇒트레이에 키친타월을 깔고, 냄비에서 밤을 몇 개씩 건져 그 위에 올려 물기를 닦아낸 후 자르는 것이 좋다.

step 3　밤이 뜨거운 상태일 때, 숟가락으로 속을 파낸다(딸려 나오는 속껍질은 떼어낸다).

step 4　파낸 밤을 볼에 담아 중량을 잰 후, 밤 중량의 20~30%에 해당하는 양의 그래뉼러당을 준비한다.

⇒밤에 따라 단맛이 차이 나므로 먼저 step 6에서 밤 중량의 20%에 해당하는 그래뉼러당을 넣어 맛을 본 후에 추가로 더 넣는 것이 좋다.

step 5 step 4의 밤을 매셔를 이용해 작은 알갱이가 남을 정도로 으깬다.

step 6 준비한 그래뉼러당(이 책에서는 20%)과 소금을 넣는다.

step 7 재료가 골고루 섞이도록 실리콘 주걱으로 저은 다음 맛을 본다. 단맛이 부족할 경우에는 밤 중량의 최대 10%까지 그래뉼러당을 더 넣어 단맛을 조절한다.

step 8 맛이 잘 배도록 볼에 랩을 씌워 15~30분간 그대로 둔다.
⇒ 밤에서 수분이 나와 촉촉해진다.

step 9 냄비에 옮겨 담은 뒤, 약불에서 실리콘 주걱으로 저어가며 4~5분간 가열한다.
⇒ 수분량이 적은 밤은 물 1~2큰술을 넣어 가열하면 잘 섞인다.

step 10 재료가 잘 섞이면 거친 타입의 밤 페이스트가 완성된다(고운 타입은 step 11로).
⇒ 가열 과정을 거쳐야 그래뉼러당이 녹아 더 잘 섞일 뿐만 아니라 살균 효과도 있다.

체에 내리기

step 11   step 10이 아직 뜨거울 때, 트레이를 받친 체에 조금씩 올리고, 나무 주걱으로 눌러가며 내린다.

⇒ 도중에 페이스트가 식으면 그릇에 담아 랩을 씌워 전자레인지(600W)에 10~20초 돌려 데워가면서 하는 것이 좋다.

step 12   고운 타입의 밤 페이스트 완성.

보관하기

step 13   step 10의 거친 타입 혹은 step 12의 고운 타입을 스크레이퍼를 이용해 반으로 나누어 각각 랩 위에 올린다.

step 14   공기를 빼면서 랩으로 단단히 감싼 다음, 평평하게 모양을 잡는다.

고운 타입   거친 타입

step 15   맛이 잘 배도록 냉장실에 하룻밤 둔다.

⇒ 5일 이내에 사용할 시에는 냉장실에 보관한다. 장기 저장할 시에는 지퍼백에 담아 냉동 보관한다 (사용하기 전날 냉장실로 옮겨 해동한다).

23

밤
잼

잼이라고 부르기는 하지만
군고구마처럼 포슬포슬하다.
유제품을 첨가하지 않아
밤 본연의 풍미를 그대로 느낄 수 있다.

재료 (권장 분량)

삶은 밤(혹은 찐 밤/21p의 step 1~3 참조)

　—껍질을 제외한 알맹이 200g

그래뉼러당—60~70g(이 책에서는 60g)

⇒먼저 60g을 넣어 맛을 본 다음, 단맛이 부족할 시에는
최대 10g까지 추가해 단맛을 조절한다.

물—100g

소금—한 꼬집

만드는 법

1　삶은 밤은 매셔로 으깬다. 고운 잼을 만들고 싶을 때는
파낸 밤이 아직 뜨거울 때 트레이를 받친 체에 소량씩
올리고, 나무 주걱으로 눌러가며 내린다.

2　냄비에 1, 그래뉼러당, 분량의 물, 소금을 넣고 약불에
올려 가열하면서 실리콘 주걱으로 잘 섞는다. 수분이
날아가 되직해지기 시작하면 불을 끄고 그대로 식힌다.

⇒ 식으면 더 단단해지므로 아직 조금 부드러운 상태에서 불
을 끄는 것이 좋다.

⇒ 일주일 이내에 사용할 시에는 깨끗한 보관 용기에 담아 냉
장실에 보관한다. 장기 저장할 시에는 공기를 빼면서 랩으
로 단단히 감싼 후 평평하게 모양을 잡아 지퍼백에 담아 냉
동 보관한다.

✓맛있게 먹는 법

하룻밤 두면 맛이 골고루 밴다.
저장 기한은 냉장실에서 약 일주일.
냉동실에서 2~3개월 정도다.

밤
버
터

삶은 밤에 버터를 첨가해서 만든다.
살짝 구운 식빵이나 바게트와도 잘 어울리며
단맛이 적은 편이라 크래커 등에 발라 견과류나 건과일,
생햄 등을 곁들이면 근사한 술안주가 된다.

재료 (권장 분량)

삶은 밤(혹은 찐 밤/21p의 step 1~3 참조)

　—껍질을 제외한 알맹이 200g

그래뉼러당—30g

버터—60g

물—100g

소금—한 꼬집

만드는 법

1　삶은 밤은 매셔로 으깬다. 고운 밤버터를 만들고 싶을
때는 파낸 밤이 아직 뜨거울 때 트레이를 받친 체에 조
금씩 올리고, 나무 주걱으로 눌러가며 내린다.

2　냄비에 1, 그래뉼러당, 버터, 분량의 물, 소금을 넣고 약
불에 올려 가열하면서 실리콘 주걱으로 잘 섞는다. 수
분이 날아가 되직해지기 시작하면 불을 끄고 그대로
식힌다.

⇒ 식으면 더 단단해지므로 아직 조금 부드러운 상태에서 불
을 끄는 것이 좋다.

⇒ 일주일 이내에 사용할 시에는 깨끗한 보관 용기에 담아 냉
장실에 보관한다. 장기 저장할 시에는 공기를 빼면서 랩으
로 단단히 감싼 후 평평하게 모양을 잡아 지퍼백에 담아 냉
동 보관한다.

✓맛있게 먹는 법

하룻밤 두면 맛이 골고루 밴다.
저장 기한은 냉장실에서 약 일주일.
냉동실에서 2~3개월 정도다.

먼저 밤버터와 밤잼을 그대로 빵에 발라 먹어보자.
사용하는 빵이나 재료에 따라 맛이 달라져
밤의 색다른 맛을 경험할 수 있다.

밤잼 토스트

식빵에 깊고 풍부한 맛!
버터를 듬뿍 얹어 먹어보자

좋아하는 두께의 식빵(약 2.4cm 두께)
한 장을 구운 다음, 밤잼 약 85g을 바
르고 버터 약 10g을 올린다.

밤잼 샌드위치

달지 않은 생크림이
밤의 부드러운 단맛을 더욱 살린다

식빵(약 1.5cm 두께) 두 장을 준비해 한
장에는 밤잼 85g, 다른 한 장에는 충
분히 휘핑한 생크림(무당) 25g을 발라
합친다. 랩을 씌워 냉장실에 1시간 정
도 두었다가 꺼낸 뒤, 랩을 벗기고 가
장자리를 잘라낸 다음, 먹기 좋은 크
기로 썬다.

밤버터와 생햄 바게트

단맛과 짭짤한 맛의 절묘한 균형!
와인과 함께 즐기기 좋은 최고의 안주

바게트를 1.5cm 두께로 얇게 썰어 살
짝 구운 다음, 바게트 한 조각에 밤버
터 약 15g을 바른다. 여기에 생햄을 적
당히 올리고, 얇게 썬 콩테 치즈를 두
장씩 얹는다. 진하고 감칠맛이 나는
스페인의 이베리코 돼지고기나 프랑
스 바스크 지방의 돼지고기로 만든 생
햄을 사용하는 것이 좋다.

Chapter 1

—

고급스러운 느낌의
밤으로 만드는
서양과자

보늬밤 조림, 밤 설탕 조림, 밤 페이스트를 이용해
케이크나 타르트, 스콘, 아이스크림 등
가을의 정취가 담긴 서양과자를 만든다.
섬세한 맛을 지닌 밤을 주인공으로 내세우고 싶을 때는
보늬밤 조림이나 밤 설탕 조림을 통째로 사용하거나
밤 페이스트를 짜서 토핑으로 올리는 등 밤을 그대로 사용한다.
반대로 버터가 들어가는 진한 반죽에 밤을 섞을 때는
단맛과 풍미가 강한 시판용 마롱 페이스트를 사용한다.
이 장에서는 밤의 맛을 돋보이게 할 뿐만 아니라
모양까지 예쁜 디저트를 소개한다.

밤을 넣은 럼 케이크
(만드는 법 30p)

밤을 넣은 럼 케이크

밤과 잘 어울리는 럼주를 함께 넣어
풍부한 향을 내는 파운드케이크.
큼지막한 보늬밤 조림이 듬뿍 들어가
어디를 잘라도 단면에 밤이 고스란히 보인다.

재료 (18×7×높이 5.5cm의 파운드케이크틀 1개 분량)
보늬밤 조림(12p) —8개(220~240g)

[반죽]
버터 —65g
사탕수수당 —55g
꿀 —6g
아몬드 가루 —15g
푼 달걀 —65g

A | 박력분 —65g
　 | 베이킹파우더 —1.5g

럼주 —5g

[시럽]
그래뉼러당 —8g
물 —10g
럼주 —12g

준비
- 보늬밤 조림은 키친타월로 시럽을 닦아낸다.
- 버터와 달걀은 미리 실온에 꺼내둔다.
- 아몬드 가루는 굵은 체에 한 번 내린다.
- A는 합쳐서 체에 내린다.
- 오븐 시트는 틀보다 1.5cm 정도 높이 올라오게 자른 뒤 틀에 맞춰 접고, 네 모서리의 겹치는 부분에는 칼집을 내어 틀에 깐다(a).
- 오븐은 오븐팬을 넣어 170℃로 예열한다.

만드는 법

1 반죽을 만든다. 볼에 버터, 사탕수수당을 넣고 핸드 믹서로 섞는다. 처음에는 저속으로 돌리다가 재료가 어느 정도 섞이면 고속으로 바꿔 반죽이 뽀얘질 때까지 2분 정도 섞는다.

2 꿀, 아몬드 가루를 순서대로 넣고, 그때마다 핸드 믹서를 저속으로 돌려 재료를 골고루 섞는다.

3 푼 달걀을 다섯 번에 걸쳐 나눠 넣는다. 네 번째까지는 넣을 때마다 핸드 믹서를 고속으로 돌려 반죽이 매끄러워질 때까지 섞는다. 네 번째로 넣은 달걀을 섞은 뒤에는 A를 4분의 1 분량만큼 넣고 핸드 믹서를 저속으로 돌려 섞은 후, 남은 달걀을 모두 넣고 다시 핸드 믹서를 저속으로 돌려 섞는다.
⇒ 분말류를 먼저 소량 첨가해 반죽의 상태를 안정시켜 분리를 막는다.

4 남은 A를 절반씩 나누어 넣고, 그때마다 가루가 남지 않을 때까지 실리콘 주걱으로 볼의 바닥에서부터 퍼 올리듯이 섞는다. 그런 다음 럼주를 넣고 같은 방법으로 전체를 골고루 섞는다.

5 틀에 4를 4분의 1분량 붓고, 실리콘 주걱으로 표면을 평평하게 고른다(b).

6 5의 반죽 위에 보늬밤 조림을 밤의 윗부분이 위로 오게 두 줄로 가지런히 올린다(c).

7 남은 반죽을 붓고 실리콘 주걱으로 표면을 고른 다음, 반죽의 가운데 부분은 낮게, 가장자리는 높아지게 정리한다(d).

8 예열한 오븐에 넣어 45분간 굽는다.
⇒ 반죽 윗면을 손끝으로 가볍게 눌렀을 때 탄력이 느껴지면 다 구워진 것이다.

9 시럽을 만든다. 작은 냄비에 그래뉴러당과 분량의 물을 넣고 약불에 올린다. 그래뉴러당이 녹으면 불을 끄고, 한 김 식으면 럼주를 넣는다.

10 8이 다 구워지면 곧바로 오븐 시트째 틀에서 꺼내어 식힘망에 올리고, 오븐 시트를 벗긴다. 요리붓으로 표면에 9를 바른 뒤, 한 김 식으면 랩으로 싼다.

✎ 맛있게 먹는 법

반나절에서 하루 정도 두면 맛이 잘 밴다.
랩으로 싸서 실온(따뜻한 계절에는 냉장실)에
5일 정도 보관할 수 있다.

밤의 풍미 가득한 몽블랑

와산본당*으로 만든 바삭한 머랭과
부드러운 생크림, 섬세한 맛을 지닌 밤의 풍미가
잘 어우러지는 고급 디저트이다.
갓 만든 몽블랑 특유의 식감과
신선한 맛을 즐겨보자.

재료 (6개 분량)

[와산본당 머랭] 20~24개 분량

달걀흰자—50g

와산본당A—50g

와산본당B—50g

⇒와산본당이 없을 때는 A에 그래뉼러당,
B에 분당을 대신 사용해도 된다.

[마롱 크림]

밤 페이스트(고운 타입/20p)—240g

우유—20~40g

⇒밤에 따라 수분량이 차이 날 수 있으므로
상태에 따라 양을 조절한다.

생크림(유지방 함유율 약 42%)—130g

분당—적당량

*와산본당: 일본의 고급 설탕

준비

• 달걀흰자는 냉장실에 넣어 차갑게 식힌다.
• 와산본당A, B는 각각 체에 한 번 내린다.
• 오븐팬에 오븐 시트를 깐다.
• 오븐은 120℃로 예열한다.

✔맛있게 먹는 법

머랭은 습기에 약하므로 갓 구웠을 때가 가장 맛있다.
시간이 지난 뒤에 사용해야 할 시에는 보관 용기에 담아
냉장실에 넣었다가 당일에 먹는다.

만드는 법

1 와산본당 머랭을 만든다. 볼에 달걀흰자를 넣고, 핸드
믹서를 저속으로 30초간 돌려 잘 풀어준다. 그런 다음
핸드 믹서를 고속으로 바꿔 돌리며 와산본당A를 세 번
에 나눠 넣고, 그때마다 잘 섞는다. 머랭을 떴을 때 끝이
뾰족하고 단단해질 때까지 휘핑한다.

2 와산본당B를 한꺼번에 넣고, 재료가 고르게 잘 섞일 때까
지 실리콘 주걱으로 볼의 바닥에서부터 퍼 올리듯이 섞
는다.

3 짤주머니(지름이 1cm인 원형 깍지)에 넣고, 오븐팬에 깐 오
븐 시트 위에 2~3cm 간격으로 지름이 약 5cm인 원형이
되게 소용돌이 모양으로 짠다.

4 예열한 오븐에 넣어 80분간 구워 식힌 뒤, 6개를 따로 덜
어낸다.
⇒남은 머랭은 휘핑한 생크림이나 바닐라 아이스크림에 밤잼
(24p)을 곁들여 먹어도 맛있다. 건조제와 함께 밀폐용기에 담
으면 실온에 1개월간 보관할 수 있다.

5 마롱 크림을 만든다. 볼에 밤 페이스트와 우유를 넣고, 짜
기 쉬운 점도가 될 때까지 실리콘 주걱으로 잘 섞는다.
⇒먼저 우유를 20g 넣고 시험 삼아 소량을 짤주머니에 넣어 짜
본다. 되직해서 잘 짜지지 않을 때는 우유를 조금씩 더 넣어가
며 점도를 조절하는 것이 좋다.

6 볼에 생크림을 붓고, 얼음물을 받은 볼 위에 올린 채로
핸드 믹서를 고속으로 돌려 휘핑한다. 생크림을 떴을 때
끝이 뾰족하게 서면 다 된 것이다.
⇒생크림이 너무 부드러우면 짤 때 모양이 잘 잡히지 않으므로
조금 단단해질 때까지 휘핑한다.

7 4의 머랭 6개를 가지런히 놓고(a), 6을 짤주머니(지름이
1.3cm인 원형 깍지)에 넣어 머랭 위에 봉긋하게 올라오게
짠다(b).
⇒개당 높이가 4cm 정도가 되게 짠다.

8 5를 다른 짤주머니(몽블랑용 깍지)에 넣어 7의 생크림을
덮듯이 원을 그리며 짠다(c).
⇒개당 마롱 크림이 30~40g(8바퀴 정도) 정도 들어가야 적당하
다.

9 그 위에 분당을 분당체로 뿌린다.

깊은 맛의 밤 마들렌

대표적인 구움과자인 마들렌에 밤으로 변화를 주었다.
콩가루처럼 고소한 마롱 파우더와 캐러멜 향이 나는 태운 버터를 넣어
소박하면서도 깊은 맛이 나는 마들렌을 만들었다.

재료 (마들렌틀 9개 분량)

보늬밤 조림(12p)—60g

[반죽]

푼 달걀—55g

사탕수수당—36g

꿀—12g

마롱 페이스트(시판 제품/95p의 25 참조)—20g

우유—10g

A | 박력분—50g
　 | 마롱 파우더(시판 제품/95p의 24 참조/또는 박력분)—10g
　 | 베이킹파우더—3g

럼주—2g

버터—60g

준비

• 보늬밤 조림은 키친타월로 시럽을 닦아낸 후, 가로세로 1.5~2cm 크기로 자른다.

• A는 잘 섞어 체에 내린다.

• 태운 버터를 만든다. 냄비에 버터를 넣어 중불에 올린 뒤, 거품기로 저으면서 가열한다. 끓으면 불을 약불로 줄이고, 버터가 진한 갈색을 띨 때까지 섞는다. 불에서 내린 후 냄비 바닥을 찬물에 대고 그대로 식힌다.

• 틀 안쪽에 부드럽게 녹인 버터 적당량(분량 외)을 요리붓으로 얇게 발라 냉장실에서 5~10분간 식힌 뒤, 강력분 (분량 외/박력분으로 대체 가능)을 살짝 뿌린다.

• 오븐은 오븐팬을 넣어 200℃로 예열한다.

만드는 법

1 반죽을 만든다. 볼에 푼 달걀과 사탕수수당을 넣고 거품기로 원을 그리듯이 저어 섞는다.

2 꿀을 넣고 같은 방법으로 섞는다.

3 다른 볼에 마롱 페이스트를 넣고 실리콘 주걱으로 가볍게 저어 풀어준다. 우유를 네 번에 나눠 넣고, 그때마다 재료가 골고루 섞이게 젓는다.

4 2에 3을 붓고 거품기로 원을 그리듯이 저어 섞은 다음, A와 럼주를 순서대로 넣으면서 그때마다 같은 방법으로 섞는다.

5 태운 버터를 40℃까지 다시 데운 다음, 4에 가늘게 떨어뜨리듯이 조금씩 부어가며 거품기로 원을 그리듯이 저어 섞는다.

6 실리콘 주걱으로 볼 주변에 묻은 재료를 긁어모아 한 번 섞은 다음, 틀에 반죽을 붓는다(a).

7 예열한 오븐에 6분간 구워 한 번 꺼낸 다음, 보늬밤 조림을 그 위에 올린다(b). 오븐에 다시 넣고 200℃에서 6~8분간 굽는다.

⇒ 그 사이에 오븐이나 반죽 온도가 떨어지지 않도록 신속히 움직인다.

8 마들렌이 따뜻할 때 틀에서 꺼내 식힘망에 올려 식힌다.

🖊맛있게 먹는 법

갓 구웠을 때보다 완전히 식혔을 때
풍미가 더 잘 배어 맛있다.
랩으로 싸서 실온에 3일 정도 보관할 수 있다.

밤과 꿀을 넣은 롤케이크

(만드는 법 38p)

밤과 꿀을 넣은 롤케이크

꿀 향이 은은하게 풍기는 부드러운 케이크는
카스텔라를 떠올리게 하는 추억의 맛이다.
밤 페이스트와 밤 설탕 조림을 함께 넣은
일본 스타일의 케이크로,
입안에 넣으면 마음이 스르르 풀린다.

재료 (가로세로 27cm 크기의 롤케이크용 틀 1개 분량)

밤 설탕 조림(16p) — 50g

[반죽]

달걀노른자 — 80g

꿀 — 8g

달걀흰자 — 135g

백설탕 — 60g

박력분 — 45g

A │ 버터 — 15g
　│ 태백 참기름* — 15g

[생크림]

생크림(유지방 함유율 약 42%) — 150g

그래뉴러당 — 12g

[마롱 크림]

밤 페이스트(고운 타입/20p) — 50g

생크림(유지방 함유율 약 42%) — 10g

*일본의 마루혼 다이하쿠 참기름으로,
　볶지 않아 향이 없기 때문에 베이킹에 많이 쓰인다.

준비

• 밤 설탕 조림은 키친타월로 시럽을 닦은 후, 가로세로
  1.5cm 크기로 자른다.
• 박력분은 체에 한 번 내린다.
• 달걀흰자는 냉장실에 넣어 차갑게 식힌다.
• A는 볼에 담은 후, 중탕으로 60℃까지 데워 버터를 녹
  인다.
• 오븐 시트는 틀보다 1cm 정도 높이 올라오게 잘라 틀
  에 맞춰 접고, 네 모서리의 겹치는 부분에는 칼집을
  내어 틀에 깐다.
• 오븐은 오븐팬을 넣어 190℃로 예열한다.

🍴 **맛있게 먹는 법**

만든 그날 먹어야 생크림과 케이크 시트의 풍미를
가장 잘 느낄 수 있다. 랩으로 싸거나 밀폐용기에 넣으면
냉장실에 이틀 정도 보관할 수 있다.

만드는 법

1 반죽을 만든다. 볼에 달걀노른자와 꿀을 넣고 중탕으로 30~33℃ 정도까지 데운다.

2 핸드 믹서를 고속으로 돌려 반죽이 뽀얘질 때까지 4분 정도 섞는다.
⇒ 다 섞였으면 핸드 믹서의 거품날을 분리해서 세제로 깨끗이 씻은 다음 물기를 제거해 다음 과정에 사용한다.

3 다른 볼에 달걀흰자를 담고, 핸드 믹서를 저속으로 30초간 돌려 잘 풀어준다. 핸드 믹서를 고속으로 돌리면서 백설탕을 세 번에 나눠 넣고, 그때마다 머랭을 떴을 때 끝이 휠 정도까지 휘핑한다.

4 2에 3을 5분의 1분량 넣고, 실리콘 주걱으로 볼의 바닥에서부터 퍼 올리듯이 섞는다. 그런 다음 박력분을 넣고, 가루가 남지 않을 때까지 같은 방법으로 섞는다.

5 남은 3을 거품기로 저어 부드럽게 푼다. 여기에 4를 넣고 실리콘 주걱으로 볼의 바닥에서부터 퍼 올리듯이 섞는다.
⇒ 머랭은 그냥 방치하면 푸석푸석해지기 쉬우므로 사용하기 직전에 다시 잘 섞어서 부드럽게 만든 후에 쓰는 것이 좋다.

6 A에 5를 실리콘 주걱으로 한 번 크게 떠 넣어 고르게 잘 섞은 다음, 이것을 다시 5의 볼에 넣고 볼의 바닥에서부터 퍼 올리듯이 섞는다.

7 틀에 6을 붓고, 스크레이퍼로 표면을 고르게 정리한다.

8 예열한 오븐에 넣어 14~15분간 굽는다.
⇒ 반죽 한가운데를 손끝으로 살짝 눌렀을 때 푹 들어가지 않고 다시 올라오면 다 구워진 것이다.

9 오븐에서 꺼낸 틀은 곧바로 작업대에서 10cm 정도 높이에서 떨어뜨려 뜨거운 공기를 뺀 후, 오븐 시트째 꺼낸다. 표면이 마르지 않도록 오븐 시트를 케이크 시트보다 조금 크게 잘라 케이크 위에 덮은 채로 식힌다.

10 생크림을 만든다. 볼에 생크림과 그래뉴러당을 넣고, 얼음물을 받은 볼에 댄 채로 핸드 믹서를 고속으로 돌려 크림을 떴을 때 끝이 휠 정도로 휘핑한다.

11 마롱 크림을 만든다. 다른 볼에 밤 페이스트와 생크림을 담고 실리콘 주걱으로 잘 섞는다.

12 롤케이크를 만든다. 작업대에 젖은 행주를 넓게 깔고, 오븐 시트가 덮인 채로 9를 젖은 행주 위에 뒤집어 올린다. 깔아두었던 오븐 시트를 벗기고 10을 스패튤러로 케이크 시트 전체에 펴 바른다(a).
⇒ 거꾸로 뒤집은 케이크 시트를 물기를 꽉 짠 젖은 행주 위에 올리면 케이크 시트를 말 때 오븐 시트가 미끄러지지 않아 작업하기 편하다.

13 11을 짤주머니(지름이 1.3cm인 원형 깍지)에 넣고, 케이크 시트 아래쪽에서 4cm 올라간 부분에 가로로 짠다(b). 그런 다음 케이크 시트 위쪽에서 6cm 내려간 부분에 가로 방향으로 밤 설탕 조림을 가지런히 올린다(c, d).

14 케이크 시트 아래쪽에서부터 밑에 깐 오븐 시트를 들어 올리면서 케이크 시트를 안쪽으로 말면서(e) 모양을 잡는다. 다 말면 랩으로 감싸 냉장실에서 1시간 정도 차갑게 식힌다.

15 랩을 벗기고 양쪽 가장자리를 잘라낸다.

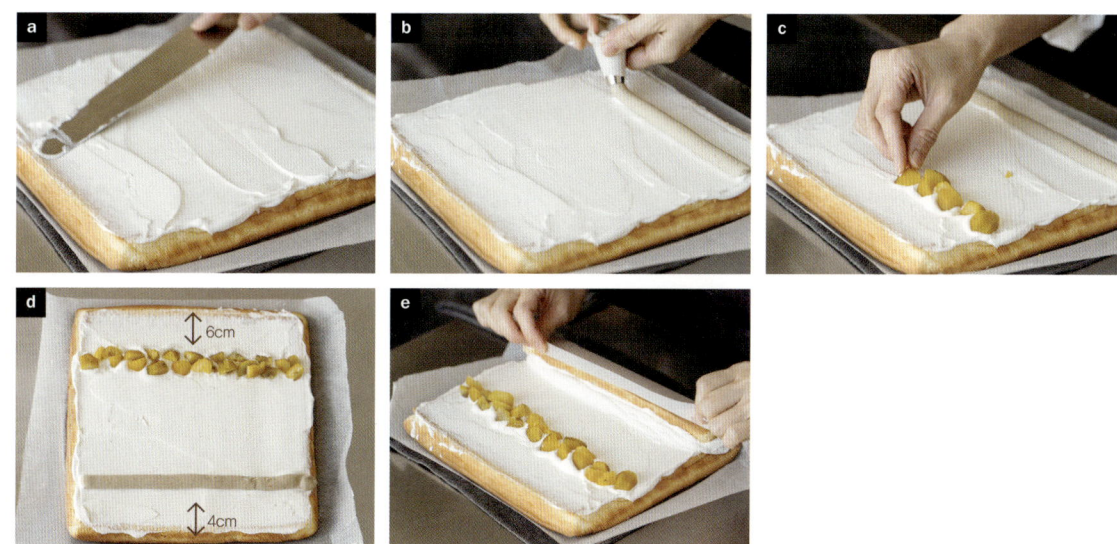

밤 트러플 초콜릿

보늬밤 조림을 통째 넣어
밤 맛을 그대로 느낄 수 있는 화려한 트러플 초콜릿이다.
보늬밤 조림을 만들 때 럼주나 그랑 마니에르 등을 넣어 풍미를 더하면
더욱 고급스러운 디저트가 된다.

재료 (8개 분량)

보늬밤 조림(12p)—8개
⇒ 취향에 맞는 양주를 넣어 풍미를 더한 것(15p 참조)을
사용해도 된다.

비터 초콜릿—100g
⇒ 카카오 함량이 56%인 발로나의 제품을 사용했다
(95p의 21 참조). 템퍼링이 필요 없는 코팅용 초콜릿을
사용해도 된다. 코팅용 초콜릿을 사용할 시에는 아래의
미크리오를 생략해도 된다.

미크리오(95p의 19 참조)—1g

코코아—50g

준비

• 보늬밤 조림은 키친타월로 시럽을 닦아낸다.
• 코코아는 트레이에 넓게 뿌려둔다.

✓맛있게 먹는 법

냉장실에서 바로 꺼냈을 때는 초콜릿이 아직 딱딱하므로
실온에 15분 정도 두었다가 먹으면 입안에서 잘 녹는다.
보관 용기 등에 넣어 냉장실에 넣으면
일주일간 보관할 수 있다.

만드는 법

1 비터 초콜릿은 작은 볼에 담아 중탕으로 40~45℃까지
데워서 녹인다.

2 실온에서 34℃까지 식힌 다음, 미크리오를 넣고 숟가
락으로 저어가며 녹인다.
⇒ 코팅용 초콜릿을 사용할 시에는 이 과정을 생략하고 3으로
간다.

3 보늬밤 조림을 한 개씩 바닥 부분부터 꼬치에 끼우고,
2에 담가 밤 전체를 초콜릿으로 덮는다(a).
⇒ 작업 중에 초콜릿의 온도가 떨어져 굳기 시작하면 다시 중
탕으로 데운다. 이때 온도가 36℃를 넘지 않게 주의하자.

4 병이나 유리잔 등에 꼬치를 세운 채로 초콜릿이 굳을
때까지 실온에 20분간 둔다(b).
⇒ 밤의 무게를 이기지 못해 쓰러지지 않도록 중심이 바닥에
있는 묵직한 용기를 사용한다.

5 드라이어의 약한 온풍으로 표면을 살짝 녹인 뒤(c), 코
코아를 뿌려놓은 트레이에 가지런히 놓는다. 밤에서
꼬치를 빼고, 밤을 살살 굴려 표면에 코코아를 골고루
묻힌 다음, 냉장실에 넣어 차갑게 식힌다.
⇒ 드라이어의 바람이 강할 때는 드라이어를 초콜릿에서 더
멀리 떨어뜨린다.

밤을 넣은 가토 쇼콜라

아몬드 가루를 듬뿍 넣어
부드러운 풍미가 느껴지는 가토 쇼콜라에 밤 설탕 조림을 넣었다.
촉촉하고 진한 맛이 쌀쌀한 계절과 잘 어울린다.

재료 (지름 15×높이 6cm의 원형/바닥 일체형 1개 분량)

밤 설탕 조림(16p)—8~10개

[반죽]

버터—85g

그래뉼러당A—25g

달걀노른자—40g

아몬드 가루—55g

비터 초콜릿—85g

⇒카카오 함량이 66%인 발로나의 제품을 사용했다.
(95p의 21 참조)

달걀흰자—70g

그래뉼러당B—30g

박력분—28g

준비

• 밤 설탕 조림은 키친타월로 시럽을 닦아낸다.

• 버터, 달걀노른자는 실온에 둔다.

• 아몬드 가루는 굵은 체에 한 번 내린다.

• 박력분은 체에 내린다.

• 비터 초콜릿은 볼에 담아 중탕으로 40~45℃까지 데워 녹인다.

• 달걀흰자는 냉장실에 넣어 차갑게 식힌다.

• 오븐 시트는 틀의 바닥과 옆면에 맞춰 자른다. 바닥에 깔 오븐 시트는 틀의 지름보다 1cm 크게 자르고, 가장 자리에 1cm 간격으로 1cm 길이의 칼집을 낸다. 옆면에 깔 오븐 시트는 틀보다 1cm 높이 올라오게 자른다. 자른 오븐 시트를 틀의 바닥과 옆면에 차례대로 깐다.

• 오븐은 오븐팬을 넣어 170℃로 예열한다.

만드는 법

1 반죽을 만든다. 볼에 버터를 담고 부드러운 크림 상 태가 될 때까지 실리콘 주걱으로 잘 젓는다.

2 그래뉼러당A를 두 번에 나눠 넣고, 그때마다 거품기 로 원을 그리듯이 50번 섞는다.

3 달걀노른자를 두 번에 나눠 넣고, 같은 방법으로 섞 은 다음 아몬드 가루를 두 번에 나눠 넣고 역시 같은 방법으로 섞는다.

4 다른 볼에 달걀흰자를 넣고, 핸드 믹서를 저속으로 30초간 돌려 풀어준다. 여기에 그래뉼러당B를 넣고 핸드 믹서를 고속으로 돌려 머랭을 만든다. 머랭을 떴을 때 끝이 휠 때까지 휘핑한다.

5 3에 비터 초콜릿을 넣고, 거품기로 고르게 섞는다.

6 5에 4를 실리콘 주걱으로 한 번 크게 떠 넣고, 원을 그 리듯이 거품기로 섞는다. 그런 다음 남은 4의 절반 분 량을 넣고, 고르게 섞이도록 실리콘 주걱으로 볼의 바닥에서부터 퍼 올리듯이 섞는다.

7 박력분을 넣고 볼의 바닥에서부터 퍼 올리듯이 섞은 다음, 남은 4를 넣고 같은 방법으로 섞는다.

8 틀에 7을 5분의 1분량 정도 넣고 실리콘 주걱으로 표 면을 살짝 다듬은 후, 밤 설탕 조림을 보기 좋게 올린 다(a). 남은 7을 붓고 스크레이퍼로 표면을 평평하게 다듬는다(b).

9 예열한 오븐에 넣어 30분간 구운 뒤, 160℃로 온도를 낮춰 다시 12~15분간 굽는다.

10 틀에서 꺼내지 말고 그대로 식힘망에 얹어 10분간 둔 다. 한 김 식으면 틀에서 꺼내어 완전히 식힌다.

✎맛있게 먹는 법

갓 구웠을 때보다 완전히 식었을 때가 더 맛있다. 만든 날에는 초콜릿의 맛이, 그다음 날에는 아몬드의 맛이 더 강하게 느껴진다. 랩으로 싸서 냉장실에서 넣으면 5일 정도 보관할 수 있다. 먹기 전에 미리 실온에 꺼내둔다.

밤과 헤이즐넛을 넣은 타르트

(만드는 법 46p)

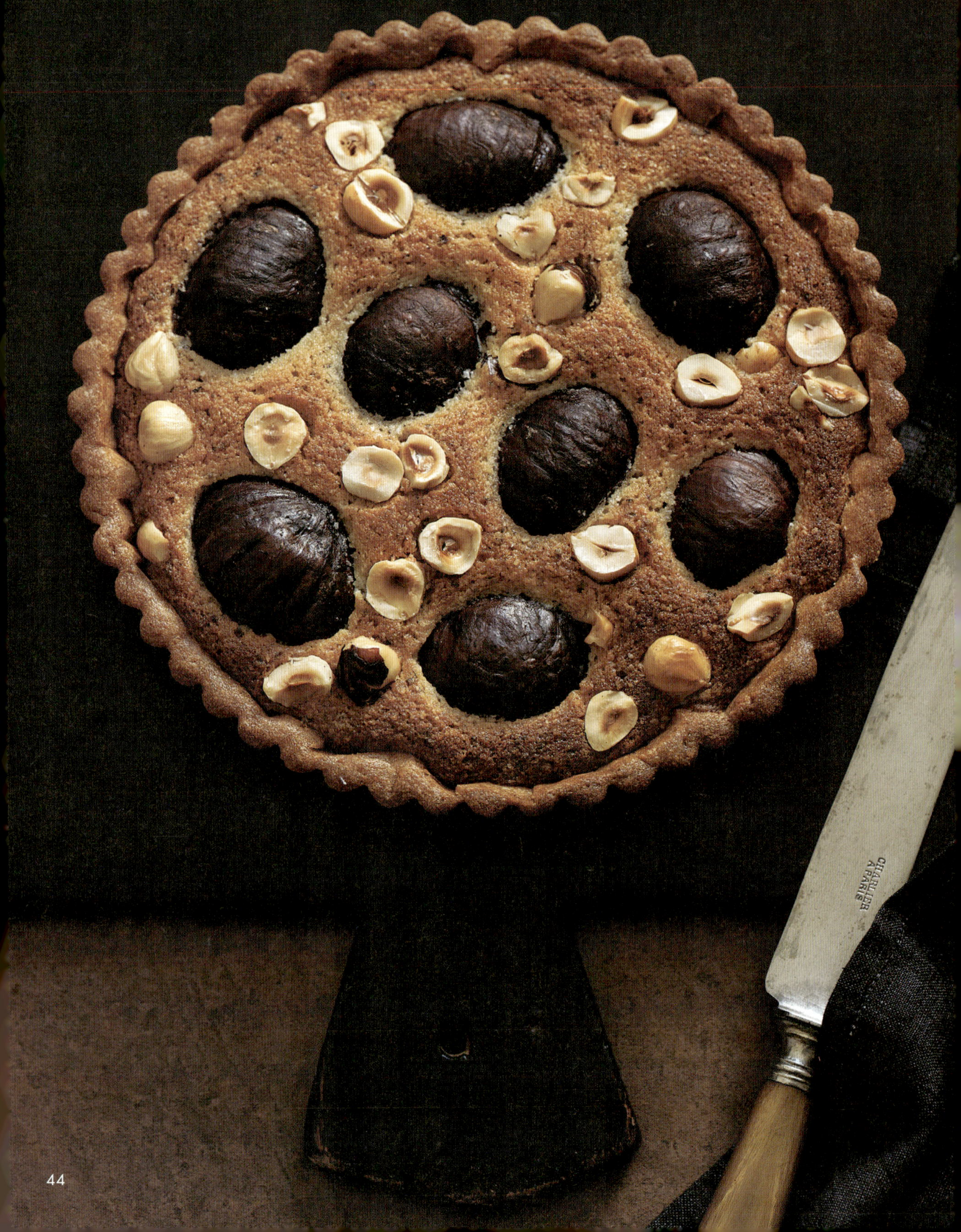

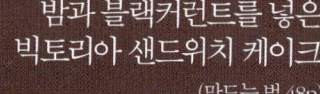

밤과 블랙커런트를 넣은
빅토리아 샌드위치 케이크
(만드는 법 48p)

밤과 헤이즐넛을 넣은 타르트

재료 (지름이 18cm인 타르트틀 1개 분량)

[반죽]

버터—63g

분당—40g

아몬드 가루—16g

푼 달걀—20g

A | 박력분—105g
  | 베이킹파우더—0.5g

[크렘 다망드(아몬드 크림)]

버터—55g

분당—55g

B | 아몬드 가루—20g
  | 헤이즐넛 가루—35g

푼 달걀—45g

박력분—8g

[필링]

보늬밤 조림(12p) — 약 8개

헤이즐넛—12개

헤이즐넛의 풍미는 밤과 잘 어울리는데,
특히 구우면 그 향이 더욱 도드라진다.
타르트 반죽은 필링을 넣기 전에 미리 한 번 구워서
조금 가벼운 식감을 낸다.

준비

- 보늬밤 조림은 키친타월로 시럽을 닦아낸다.
- 타르트 반죽과 크렘 다망드에 들어가는 버터와 달걀을 미리 실온에 꺼내둔다.
- A는 합쳐서 체에 내린다.
- B는 합쳐서 굵은 체에 내린다.
- 헤이즐넛은 160℃의 오븐에 8~10분간 구운 다음, 식으면 껍질을 벗겨 절반 분량을 굵게 다진다.
- 타르트 반죽을 초벌구이할 때 쓸 오븐 시트를 지름 25cm 크기의 원형으로 자르고, 가장자리를 3cm 간격으로 3cm 길이의 칼집을 낸다.
- 오븐은 오븐팬을 넣어 170℃로 예열한다.

만드는 법

1 타르트 반죽을 만든다. 볼에 버터를 넣고, 버터가 부드러워질 때까지 나무 주걱으로 저어 잘 섞는다.

2 분당을 두 번에 나눠 넣고, 그때마다 나무 주걱으로 가로로 길게 타원을 그리듯이 30번 저어 섞는다. 아몬드 가루를 한꺼번에 넣고 같은 방법으로 잘 섞은 후, 푼 달걀을 두 번에 나눠 넣고 그때마다 같은 방법으로 섞는다.

3 A를 절반씩 나눠 넣고, 그때마다 나무 주걱으로 볼의 바닥에서부터 퍼 올리듯이 섞는다. 80% 정도 섞이면 나무 주걱을 내려놓고, 스크레이퍼로 볼의 바닥에서부터 밀어 올리면서 가루가 남지 않을 때까지 골고루 섞는다.

4 반죽을 정사각형 모양으로 다듬은 후 랩으로 싸서 냉장실에 3시간~하룻밤 동안 휴지시킨다.

5 랩을 벗겨 반죽을 다시 헐렁하게 감싼 다음, 랩에 싸인 반죽을 밀대로 살살 밀면서 조금씩 늘인다. 반죽 두께가 1cm 정도가 되면 랩을 펼치고 반죽 위에 다시 새 랩을 한 장 덮는다. 반죽의 양옆에 3mm 두께의 각봉을 놓은 채로 반죽을 둥글게 늘인 다음, 랩 사이에 끼운 채로 냉장실에 넣어 20~30분간 휴지시킨다.

6 랩을 벗기고 틀에 반죽을 깐다. 틀 밖으로 비어져 나온 부분은 밀대로 밀어 떨어뜨리고, 바닥에 포크로 군데군데 구멍을 낸다(피케).

⇒ 이때 반죽이 부드러우면 다시 랩으로 싸서 냉장실에 30분 정도 휴지시킨다.

7 초벌구이용 오븐 시트를 6 위에 깔고, 누름돌을 올린다(a).

8 예열한 오븐에 넣어 15분간 구워 한 번 꺼낸 다음, 오븐 시트와 누름돌을 제거해 다시 오븐에 넣는다. 표면이 살짝 마를 때까지 5분 정도 구운 후 식힌다.

9 크렘 다망드를 만든다. 볼에 버터를 넣고 부드러워질 때까지 나무 주걱으로 잘 섞는다.

10 분당을 두 번에 나눠 넣고, 그때마다 나무 주걱으로 커다란 타원을 그리듯이 30번 저어 섞는다. B를 두 번에 나눠 넣고, 같은 방법으로 섞는다.

11 푼 달걀을 두 번에 나눠 넣고, 그때마다 잘 섞이도록 커다란 타원을 그리듯이 30번 저어 섞는다. 여기에 박력분을 한꺼번에 넣고 같은 방법으로 섞는다.

⇒ 이때 오븐에 오븐팬을 넣어 다시 170℃로 예열한다.

12 8에 11을 넣고, 스크레이퍼로 표면을 평평하게 다듬는다(b). 그 위에 보늬밤 조림을 올리고, 헤이즐넛(통 헤이즐넛과 굵게 다진 헤이즐넛)을 골고루 뿌린다(c).

13 예열한 오븐에 넣어 40~45분간 굽는다.

⇒ 가운데 부분까지 노릇노릇한 갈색빛을 띠면 다 구워진 것이다.

14 틀에서 꺼내지 말고 그대로 식힘망에 올려 식히다가 한 김 식으면 틀에서 꺼낸다.

✎ 맛있게 먹는 법

갓 구웠을 때보다 한 김 식었을 때가 더 맛있다.
타르트 반죽은 습기에 약하므로
만든 당일에 먹지 않는 경우에는
랩으로 싸서 냉장 보관한다.
냉장실에 이틀 정도 보관할 수 있다.

빅토리아 샌드위치 케이크

밤과 블랙커런트를 넣은

영국을 대표하는 케이크에
밤과 블랙커런트를 넣어 변화를 주었다.
밤의 부드럽고 고소한 풍미에
블랙커런트의 새콤한 맛이 악센트가 된다.
가을에 어울리는 깊은 맛을 낸다.

재료 (지름 15×높이 6cm인 원형틀/바닥 일체형 1개 분량)

[반죽]

푼 달걀—100g

사탕수수당—70g

A | 박력분(에크리뒤르*)—65g
　| 콘스타치(옥수수 전분)—25g
　| 베이킹파우더—2g
　| 시나몬파우더—0.5g

B | 마롱 페이스트(시판 제품/95p의 25 참조)—25g
　| 우유—10g

C | 버터—60g
　| 태백 참기름—20g

[마롱 크림]

마롱 페이스트(시판 제품/95p의 25 참조)—35g

우유—10g

럼주—2g

생크림(유지방 함유율 약 42%)—85g

[필링]

보늬밤 조림(12p)—50g

블랙커런트잼(49p memo/시판 제품 사용 가능)—80g

분당—적당량

*일본 닛신제분에서 출시된 구움과자용 밀가루로,
　회분 함량 0.43%, 단백질 함량 9.2%이다.

준비

• 보늬밤 조림은 키친타월로 시럽을 닦아낸 후, 가로세
　로 7mm 크기로 자른다.

• A는 합쳐서 체에 내린다.

• B는 작은 볼에 마롱 페이스트를 담고, 우유를 두 번에
　나눠 넣으면서 그때마다 실리콘 주걱으로 재료가 고
　르게 섞일 때까지 젓는다.

• C는 작은 볼에 담은 후, 중탕으로 60℃ 정도까지 데워
　버터를 녹인다.

• 틀 안쪽에 부드럽게 녹인 버터 적당량(분량 외)을 요
　리붓으로 얇게 바르고 냉장실에 넣어 5~10분간 식힌
　뒤, 강력분(분량 외/박력분으로 대체 가능)을 얇게 뿌린다.

• 오븐은 오븐팬을 넣어 170℃로 예열한다.

만드는 법

1 반죽을 만든다. 볼에 푼 달걀과 사탕수수당을 넣고, 실리콘 주걱으로 저으면서 중탕으로 40℃까지 데운다.

2 반죽에 찰기가 생길 때까지 핸드 믹서를 고속으로 3분 정도 돌린 후, 다시 저속으로 1분간 돌려 결을 정리한다.

3 A를 두 번에 나눠 넣고, 그때마다 가루가 남지 않을 때까지 실리콘 주걱으로 바닥에서부터 퍼 올리듯이 섞는다.

4 B에 3을 실리콘 주걱으로 한 번 가득 떠 넣고, 반죽이 부드러워질 때까지 섞어 3의 볼에 넣은 다음, 바닥에서 퍼 올리듯이 반죽을 10번 정도 섞는다.

5 C에 4를 5분의 1분량 넣고, 부드러워질 때까지 거품기로 저어 4의 볼에 넣는다. 실리콘 주걱으로 바닥에서부터 퍼 올리듯이 20번 섞은 다음, 틀에 붓는다.

6 예열한 오븐에 넣어 35~38분간 굽는다.
⇒ 굽는 도중에는 반죽이 크게 부풀지만, 결국 틀보다 작게 구워진다. 반죽의 가운데 부분을 손끝으로 살짝 눌렀을 때 푹 들어가지 않고 다시 올라오면 다 구워진 것이다.

7 반죽이 다 구워지면 곧바로 틀에서 꺼내어 식힘망에 올려 한 김 식힌 뒤, 랩으로 싸서 식힌다.

8 마롱 크림을 만든다. 작은 볼에 마롱 페이스트를 넣고, 우유를 두 번에 나눠 넣으면서 그때마다 실리콘 주걱으로 부드러워질 때까지 잘 섞는다. 여기에 럼주를 첨가해 부드러워질 때까지 잘 섞은 후, 생크림을 넣고 볼 바닥을 얼음물이 담긴 볼에 댄 채로 핸드 믹서를 고속으로 돌려서 생크림을 떴을 때 끝이 휠 정도까지 휘핑한다.

9 7의 랩을 벗기고 케이크를 가로 방향으로 반을 자른 다음, 아래쪽 케이크 시트의 단면에 스패튤러로 블랙커런트잼을 바른다(a). 그 위에 8의 마롱 크림 절반 분량을 바르고, 보늬밤 조림을 전체에 골고루 깐다(b). 남은 마롱 크림을 전부 바르고(c), 그 위에 케이크 시트를 올린다.

10 그 위에 분당을 분당체로 뿌린다.

♪맛있게 먹는 법
갓 구웠을 때보다 2시간 정도 기다렸다가 먹는 편이 케이크에 크림이 스며들어 더 맛있다.
랩에 싸서 냉장실에 넣으면 이틀 정도 보관할 수 있다.

memo

블랙커런트잼 만드는 법
블랙커런트(냉동) 100g, 그래뉼러당 74g, 레몬즙 8g을 냄비에 담아 중불에 올린다. 끓어오르면 불을 약불로 줄이고, 살짝 걸쭉해질 때까지 저으면서 조린다. 깨끗한 병에 담아 식힌다. 냉장실에 넣으면 2주 정도 보관할 수 있다.

흑당과 커피를 넣은 구겔호프 마롱

흑당이 들어간 진한 반죽에 커피와 럼주를 넣어 풍미를 한층 끌어올렸다.
시간이 어느 정도 지나야 맛이 더 진해지므로 선물용으로 만들기 좋다.

재료 (지름 15×높이 8cm인 구겔호프틀 1개 분량)

보늬밤 조림(12p) — 약 6개

[반죽]

버터 — 80g

흑당(분말) — 72g

아몬드 가루 — 20g

푼 달걀 — 80g

A | 박력분 — 80g
　 | 베이킹파우더 — 2g

B | 럼주 — 7g
　 | 인스턴트커피(찬물에 녹는 타입) — 1.5g

[시럽]

그래뉼러당 — 10g

물 — 10g

럼주 — 10g

[커피 아이싱]

분당 — 50g

인스턴트커피(찬물에 녹는 타입) — 1g

물 — 10g

준비

• 보늬밤 조림은 키친타월로 시럽을 닦아낸다.

• 버터와 달걀은 실온에 미리 꺼내두고, 달걀은 풀어둔다.

• 아몬드 가루는 굵은 체에 내린다.

• A는 합쳐서 체에 내린다.

• B는 잘 섞어서 커피를 럼주에 녹인다.

• 틀 안쪽에 부드럽게 녹인 버터 적당량(분량 외)을 요리 붓으로 얇게 바르고, 냉장실에 넣어 5~10분간 식힌 뒤, 다시 꺼내어 강력분(분량 외/박력분으로 대체 가능)을 살짝 뿌린다.

• 오븐은 오븐팬을 넣어 170℃로 예열한다.

✎맛있게 먹는 법

반나절에서 하루 정도 지나면 맛이 잘 밴다. 랩으로 싸서 실온(따뜻한 계절에는 냉장실)에 5일 정도 보관할 수 있다.

만드는 법

1 반죽을 만든다. 볼에 버터와 흑당을 넣고 핸드 믹서로 잘 섞는다. 저속으로 돌리다가 재료가 골고루 섞이면 고속으로 바꿔 뽀얘질 때까지 2분 정도 더 섞는다.

2 아몬드 가루를 넣고, 핸드 믹서를 저속으로 돌려 골고루 섞는다.

3 푼 달걀을 여덟 번에 나눠 넣는다. 일곱 번째까지는 넣을 때마다 핸드 믹서를 고속으로 돌려 반죽이 부드러워질 때까지 섞는다. 푼 달걀을 일곱 번째까지 넣고 나면 A를 4분의 1분량 넣고 핸드 믹서를 저속으로 돌려 섞은 다음, 남은 달걀을 모두 넣고 핸드 믹서를 저속으로 돌려 섞는다.
⇒ 분말류를 먼저 소량 첨가해 반죽의 상태를 안정시켜 분리를 막는다.

4 남은 A를 두 번에 나눠 넣고, 그때마다 가루가 남지 않을 때까지 실리콘 주걱으로 볼의 바닥에서부터 퍼 올리듯이 섞는다. 그런 다음 B를 넣고 골고루 섞일 때까지 같은 방법으로 섞는다.

5 틀에 4를 3분의 1분량 넣고, 실리콘 주걱으로 표면을 정리한 다음(a), 보늬밤 조림을 밤의 윗부분이 아래를 향하게 가지런히 올린다(b). 남은 4를 넣은 다음, 가운데 부분은 낮고 가장자리는 높아지게 표면을 정리한다(c).

6 예열한 오븐에 넣어 45분간 굽는다.
⇒ 반죽의 윗면을 손끝으로 살짝 눌렀을 때, 탄력이 있으면 다 구워진 것이다.

7 시럽을 만든다. 작은 냄비에 그래뉼러당과 분량의 물을 넣어 약불에 올린 뒤, 그래뉼러당이 녹으면 불을 끈다. 한 김 식으면 럼주를 첨가한다.

8 6이 다 구워지면 바로 틀에서 꺼내어 식힘망에 올려 식힌다. 요리붓으로 표면에 7을 바른 다음, 한 김 식으면 랩으로 싸서 식힌다.

9 커피 아이싱을 만든다. 볼에 분당과 인스턴트커피, 분량의 물의 90%를 넣고 실리콘 주걱으로 섞는다. 남은 물은 상태를 봐가면서 아이싱이 걸쭉해질 때까지 섞으며 좀 더 넣어준다.

10 마무리한다. 8의 랩을 벗기고, 9를 숟가락으로 떠서 표면에 조금씩 흘려 실온에서 말린다.

마롱 파이

보늬밤 조림 한 개가 통째로 들어가는
볼록하고 귀여운 마롱 파이.
입에 넣을 때마다 파이 반죽의 고소한 향과
밤의 포슬포슬한 식감을 즐길 수 있다.

재료 (8개 분량/지름 6×높이 4.5cm인 세르크틀을 사용)

보늬밤 조림(12p) — 약 8개
냉동 파이 시트(시판 제품/95p의 22 참조) — 2장

[크렘 다망드]

버터 — 53g
분당 — 53g
아몬드 가루 — 53g
푼 달걀 — 45g
박력분 — 7g

[아이싱]

분당 — 40g
물 — 6~7g

준비

- 보늬밤 조림은 키친타월로 시럽을 닦아낸다.
- 냉동 파이 시트는 실온에 5~10분간 꺼내 해동한다.
- 버터와 달걀은 실온에 미리 꺼내두고, 달걀은 풀어둔다.
- 아몬드 가루는 굵은 체에 내린다.
- 박력분은 체에 내린다.
- 오븐팬에 오븐 시트를 깐다.
- 오븐은 200℃로 예열한다.

✔맛있게 먹는 법

구운 파이는 식었을 때 먹어야 더 맛있다.
보관 용기에 담으면 실온에 이틀 정도 보관할 수 있다.
먹기 전에 보관해둔 파이는 한 번 다시 굽는다.

만드는 법

1 크렘 다망드를 만든다. 볼에 버터를 넣고, 부드러워질 때까지 나무 주걱으로 젓는다.

2 분당을 두 번에 나눠 넣고, 그때마다 크고 가로로 긴 타원을 그리듯이 30번 저어 섞는다. 그런 다음 아몬드 가루를 두 번에 나눠 넣고, 같은 방법으로 섞는다. 푼 달걀을 두 번에 나눠 넣고, 그때마다 같은 방법으로 섞는다.

3 박력분을 한꺼번에 붓고 같은 방법으로 섞은 후, 랩을 씌워 냉장실에 1~2시간 넣어 식힌다.

4 성형한다. 냉동 파이 시트 2장은 각각 밀대로 밀어 가로세로 20cm(약 3mm 두께) 크기로 늘인 다음, 저마다 가로세로 10cm 크기로 4등분해서 총 8장을 준비한다. 파이 시트 가장자리에 요리붓으로 물 적당량을 얇게 바른다.

5 3을 실리콘 주걱으로 가볍게 섞은 뒤, 짤주머니(지름이 1cm인 원형 깍지)에 넣어 4의 중앙에 고르게(각 25g) 짠 다음, 그 위에 보늬밤 조림을 한 개씩 올린다.
⇒ 3을 25g씩 계량한 후, 숟가락을 이용해 파이 시트의 중앙에 올려도 된다.

6 반죽의 네 모서리를 오므려서 밤 위쪽에서 고정한 다음ⓐ, 반죽이 맞닿는 네 부분을 손으로 눌러 붙인다. 이음매가 바닥을 향하게 반죽을 뒤집은 후, 네 모서리를 안쪽으로 접어ⓑ 오븐팬에 가지런히 올린 뒤, 세르크틀을 씌운다ⓒ.
⇒ 세르크틀 대신 지름이 같은 머핀틀이나 푸딩컵에 넣어도 된다.

7 예열한 오븐에 넣어 30분간 구운 뒤, 오븐 온도를 190℃로 낮춰 20분간 더 굽는다.

8 세르크틀을 벗기고, 식힘망에 올려 식힌다.
⇒ 머핀틀이나 푸딩컵에 넣어 구울 때는 틀을 거꾸로 뒤집어서 파이를 꺼낼 때 뜨거운 기름이 흘러나올 수 있으니 화상을 입지 않게 주의하자.

9 아이싱을 만든다. 작은 볼에 분당과 분량의 물을 넣고, 부드러워질 때까지 숟가락으로 저어 잘 섞는다.

10 8의 표면에 9를 숟가락으로 가늘게 흘려 선을 그린 뒤, 실온에서 말린다.

밤을 넣은 바스크 치즈 케이크

밤의 부드러운 풍미와
은은하게 풍기는 크림치즈의 새콤한 맛이 중독적이다.
마롱 페이스트에 설탕이 들어가기 때문에
만들 때 따로 단맛을 더하지는 않는다.

재료 (지름 15×높이 6cm인 원형틀/바닥 분리형 1개 분량)

보늬밤 조림(12p)—6~8개

[반죽]

마롱 페이스트(시판 제품/95p의 25 참조)—180g

럼주—10g

크림치즈—180g

푼 달걀—100g

생크림(유지방 함유율 45%)—180g

박력분—8g

준비

• 보늬밤 조림은 키친타월로 시럽을 닦아낸다.

• 마롱 페이스트, 크림치즈, 달걀은 실온에 미리 꺼내두고, 달걀은 풀어둔다.

• 박력분은 체에 내린다.

• 오븐 시트를 30×35cm 크기로 잘라 물에 한 번 적셔 꽉 짠 다음 펼쳐 틀에 깐다(a).

• 오븐은 오븐팬을 넣어 240℃로 예열한다.

만드는 법

1 반죽을 만든다. 볼에 마롱 페이스트와 럼주를 넣고, 나무 주걱으로 골고루 잘 섞는다. 크림치즈를 넣고 같은 방법으로 섞는다.

2 푼 달걀을 두 번에 나눠 넣고, 그때마다 거품기로 원을 그리듯이 섞는다. 생크림을 두 번에 나눠 넣고, 같은 방법으로 섞은 후 박력분을 한꺼번에 넣고 다시 같은 방법으로 섞는다.

3 틀에 2를 1cm 높이 정도까지 부은 다음, 표면을 실리콘 주걱으로 고르게 정리하고, 그 위에 보늬밤 조림을 가지런히 올린다(b). 나머지 2를 붓고, 실리콘 주걱으로 표면을 평평하게 다듬는다.

4 예열한 오븐의 온도를 230℃로 낮추고, 25~28분간 굽는다.

5 틀에서 꺼내지 않은 채로 식힘망에 올려 식힌 다음, 틀 위에 키친타월과 랩을 덮고 고무줄로 고정한 후, 냉장실에 하룻밤 동안 둔다.

⇒ 랩만 씌우면 케이크 위에 물방울이 떨어지므로 랩으로 덮기 전에 먼저 키친타월을 덮는다.

6 틀에서 꺼내 오븐 시트를 벗긴다.

🥄**맛있게 먹는 법**

구운 당일보다 하루 지난 후에 먹어야 더 맛이 좋다.
랩으로 싸면 냉장실에 3일 정도 보관할 수 있다.

밤과 호지차를 넣은 파운드케이크

(만드는 법 58p)

밤과 커피를 넣은 버터 샌드위치 쿠키
(만드는 법 60p)

파운드케이크 밤과 호지차를 넣은

밤의 포슬포슬한 식감과
호지차의 그윽한 향이 어우러진 맛이
익숙하면서도 추억을 떠올리게 한다.
두 가지 반죽이 들어가므로
식감이나 맛의 변화를 즐길 수 있다.

재료 (약 23×4.5×높이 6cm인 슬림 파운드케이크틀 1개 분량)

보늬밤 조림(12p)—5~6개

[파운드케이크 반죽]

마롱 페이스트(시판 제품/95쪽의 25 참조)—40g

버터—46g

그래뉼러당—43g

아몬드 가루—8g

A | 푼 달걀—20g
  | 달걀노른자—20g

럼주—6g

B | 강력분—20g
  | 콘스타치—20g
  | 베이킹파우더—0.8g

[다쿠아즈 반죽]

달걀흰자—38g

그래뉼러당—20g

C | 아몬드 가루—33g
  | 분당—17g
  | 줄기 호지차—2g
  | ⇒그라인더로 찻잎을 간다.

분당(장식용)—적당량

줄기 호지차(장식용)—적당량
⇒다쿠아즈 반죽에 들어가는 찻잎보다 굵게 칼로 다진다.

준비

- 보늬밤 조림은 키친타월로 시럽을 닦아낸다.
- 마롱 페이스트, 버터는 실온에 미리 꺼내둔다.
- A는 볼에 담아 섞어 실온에 둔다.
- B는 합쳐서 체에 내린다.
- 달걀흰자는 냉장실에 넣어 차갑게 식힌다.
- C는 합쳐서 굵은 체에 내린다.
- 오븐 시트는 틀보다 1.5cm 정도 높이 올라오게 자른 뒤 틀에 맞춰 접고, 네 모서리의 겹치는 부분에는 칼집을 내어 틀에 깐다.
- 오븐은 오븐팬을 넣어 170℃로 예열한다.

만드는 법

1 파운드케이크 반죽을 만든다. 볼에 마롱 페이스트를 담고, 버터를 네 번에 나눠 넣으면서 그때마다 잘 섞이도록 나무 주걱으로 젓는다.

2 그래뉼러당을 세 번에 나눠 넣고, 그때마다 나무 주걱으로 가로 방향으로 크고 긴 타원을 그리듯이 30번 저어 섞는다. 그런 다음 아몬드 가루를 한꺼번에 넣고, 같은 방법으로 섞는다.

3 A를 네 번에 나눠 넣고, 그때마다 나무 주걱으로 유화될 때까지 섞는다.
⇒ 도중에 반죽이 분리될 것 같을 때는 먼저 B를 소량 넣어 잘 섞은 후, 다음 달걀을 넣는다.

4 럼주를 넣고 섞는다.

5 B를 두 번에 나누어 넣고, 그때마다 가루가 남지 않을 때까지 나무 주걱으로 볼의 바닥에서부터 퍼 올리듯이 섞는다.

6 반죽을 짤주머니(지름이 1cm인 원형 깍지)에 넣어 틀 바닥에 직선으로 길게 세 번 짠 다음(a), 그 위에 보늬밤 조림을 가로로 가지런히 올리고(b), 남은 반죽을 밤 위에 짠다(c). 실리콘 주걱으로 표면을 평평하게 다듬는다(d).

7 다쿠아즈 반죽을 만든다. 볼에 달걀흰자를 넣고, 핸드 믹서를 저속으로 30초간 돌려 잘 풀어준다. 핸드 믹서를 고속으로 바꾸고, 그래뉼러당을 세 번에 나눠 넣으면서 그때마다 거품을 낸다. 세 번째 그래뉼러당을 넣은 뒤, 머랭을 떴을 때 끝이 뾰족하게 설 때까지 휘핑한다.

8 C를 다섯 번에 나눠 넣고, 그때마다 실리콘 주걱으로 반죽을 볼의 바닥에서부터 퍼 올리듯이 섞는다.
⇒ 반죽이 70~80% 정도 섞였을 때쯤, 다음 반죽을 넣는다.

9 반죽을 다른 짤주머니(지름이 1cm인 원형 깍지)에 넣어 6의 위에 일직선으로 세 줄을 짠다. 그리고 다시 그 위에 지름 2cm 크기의 구형을 한 줄에 약 11개 짜고(e), 같은 방법으로 한 줄을 더 짠다.

10 장식용 분당을 분당체로 두 번에 나눠 뿌린 다음(f), 장식용 호지차를 전체에 뿌린다.

11 예열한 오븐에 넣어 42~45분간 굽는다.

12 다 구워지면 곧바로 오븐 시트째 틀에서 꺼내어 식힘 망에 올리고, 오븐 시트를 벗겨 식힌다.

✎ 맛있게 먹는 법
구운 당일보다 그다음 날 이후에 먹어야 아몬드의 풍미를 진하게 느낄 수 있다.
랩으로 싸면 실온(따뜻한 계절에는 냉장실)에 5일 정도 보관할 수 있다.

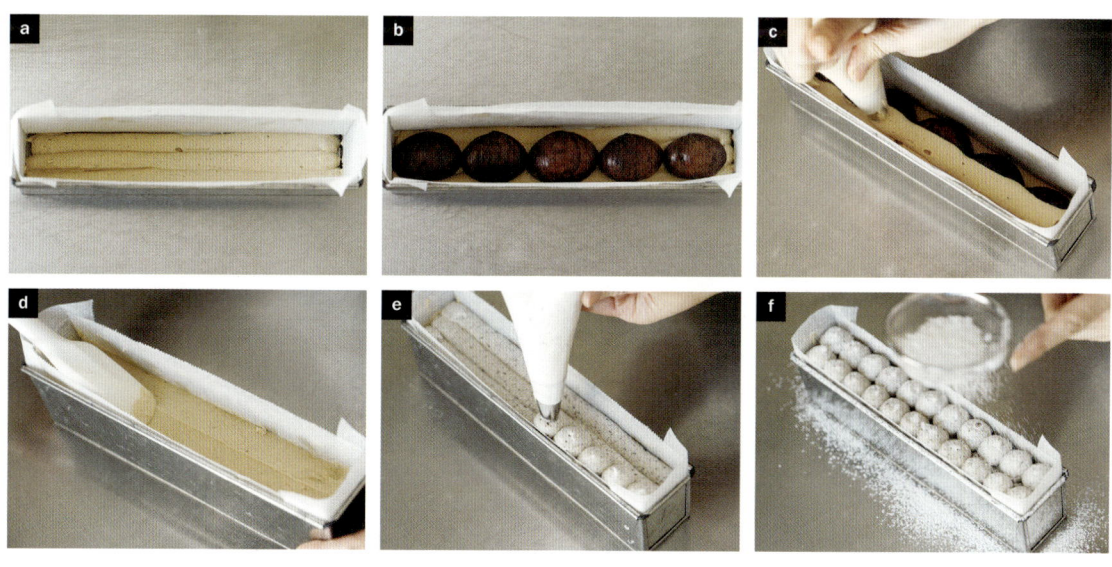

버터 샌드위치 쿠키

밤과 커피를 넣은

재료 (지름 5.8cm 10개 분량)

보늬밤 조림(12p)—100g

[커피 쿠키]

버터—60g

A | 분당—45g
  | 소금—0.4g

아몬드 가루—12g

B | 푼 달걀—15g
  | 인스턴트커피(찬물에 녹는 타입)—2.5g

박력분—110g

[마롱 버터크림]

마롱 페이스트(시판 제품/95p의 25 참조)—90g

럼주—10g

버터—180g

준비

• 보늬밤 조림은 키친타월로 시럽을 닦은 후, 약 2×
  1cm 크기로 자른다.
• 커피 쿠키와 마롱 버터크림에 들어가는 버터와 마롱
  페이스트는 실온에 미리 꺼내둔다.
• A는 합친다.
• B는 합친 후 잘 섞어서 커피를 녹인다.
• 박력분은 체에 내린다.
• 오븐팬에 오븐 시트를 깐다.
• 오븐은 170℃로 예열한다.
• 마롱 버터크림용 오븐 시트를 가로세로 30cm 크기로
  2장 준비한다.

커피 향을 넣은 쿠키 사이에
마롱 버터크림과 보늬밤 조림을 넣었다.
버터의 진한 맛과 밤의 달콤한 맛,
커피의 쌉싸름한 맛이 어우러져
환상적인 맛을 낸다.

만드는 법

1 커피 쿠키를 만든다. 볼에 버터를 넣고, 부드러워질 때까지 나무 주걱으로 잘 젓는다.

2 A를 두 번에 나눠 넣고, 그때마다 나무 주걱으로 가로로 크고 긴 타원을 그리듯이 30번 저어 섞는다. 아몬드 가루를 한꺼번에 넣고 같은 방법으로 섞은 다음, B를 두 번에 나눠 넣고 같은 방법으로 섞는다.

3 박력분을 두 번에 나눠 넣고, 그때마다 나무 주걱으로 볼의 바닥에서부터 퍼 올리듯이 섞는다. 80% 정도 섞이면 나무 주걱을 내려놓고, 스크레이퍼로 볼의 바닥에서부터 밀어 올리면서 가루가 남지 않을 때까지 골고루 섞는다.

4 반죽을 정사각형 모양으로 다듬은 후 랩으로 싸서 냉장실에 3시간~하룻밤 동안 휴지시킨다.

5 랩을 벗겨 반죽을 다시 헐렁하게 감싼 다음, 랩에 싸인 반죽을 밀대로 살살 밀면서 조금씩 늘인다. 반죽 두께가 1cm 정도가 되면 랩을 펼치고 반죽 위에 다시 새 랩을 한 장 덮는다. 반죽의 양옆에 3mm 두께의 각봉을 놓은 채로 반죽을 늘인 다음, 랩 사이에 끼운 채로 냉장실에 넣어 15분 정도 휴지시킨다.

6 랩을 벗기고 지름 5.8cm 크기의 원형틀로 반죽을 찍어서 오븐팬에 가지런히 올린다. 남은 반죽은 하나로 뭉쳐서 5와 같은 방법으로 늘이고, 다시 원형틀로 찍어 오븐팬에 놓는다. 전부 20장을 준비한다.

7 예열한 오븐에 넣어 16~18분간 구운 뒤, 꺼내어 식힘망에 올려 식힌다.

8 마롱 버터크림을 만든다. 볼에 마롱 페이스트와 럼 주를 넣고, 재료가 고르게 잘 섞일 때까지 나무 주걱으로 잘 섞는다. 버터를 두 번에 나눠 넣고, 그때마다 반죽이 균일해질 때까지 섞는다. 여기에 보늬밤 조림을 넣고, 같은 방법으로 섞는다.

9 마롱 버터크림용 오븐 시트 한 장을 넓게 펼치고 8을 올린 다음, 실리콘 주걱을 이용해 정사각형 모양으로 다듬은 후(a), 나머지 오븐 시트 한 장을 그 위에 덮는다. 양옆에 1cm 두께의 각봉을 놓고 밀대로 밀어 반죽을 늘인 다음(b), 오븐 시트 사이에 끼운 채로 냉장실에 넣어 1시간 정도 차갑게 식혀 굳힌다.

10 작업대 위에 7의 쿠키 10개와 냉장실에서 꺼낸 9를 놓고, 위에 덮었던 오븐 시트를 벗긴다.

11 지름이 5.8cm인 원형틀을 50℃ 정도의 물에 담가 데우고, 키친타월로 물기를 닦은 뒤, 10의 크림을 찍어낸다(c). 가지런히 놓은 쿠키 위에 그대로 올리고 틀을 조심스레 뺀다(d/크림이 쉽게 뭉개지므로 조심하자). 남은 크림은 하나로 뭉쳐서 다시 9와 같은 방법으로 늘인 후, 냉장실에서 차갑게 식힌 후에 원형틀로 찍어 마찬가지로 쿠키 위에 올린다.

12 남은 쿠키를 11에 겹쳐 올려 샌드위치 쿠키를 만든다.

🍴 **맛있게 먹는 법**

갓 만들었을 때는 쿠키가 바삭하고 향긋하다.
시간이 지나면 습기로 인해 풍미가 줄어들기 때문에 되도록 당일에 먹길 권한다.
곧바로 먹지 않는다면 랩으로 싸서 냉동 보관한 후, 먹기 3~4시간 전에 냉장실로 옮겨 해동한다.

밤과 전립분을 넣은 스콘

전립분을 넣어 만든 거친 반죽에
굵게 다진 보늬밤 조림을 섞었다.
갓 구웠을 때는 마치 군밤처럼 달달한 맛이 느껴진다.
밤잼이나 밤버터와도 매우 잘 어울린다.

재료 (지름이 5.8cm인 원형틀 6개+쓰고 남은 반죽 2덩어리 분량)

보늬밤 조림(12p)—80g

[반죽]

A | 박력분—120g
　 강력분—60g
　 전립분—30g
　 베이킹파우더—8g

소금—한 꼬집

버터—55g

사탕수수당—30g

B | 우유—60g
　 플레인 요거트—30g

푼 달걀—적당량

준비

• 보늬밤 조림은 키친타월로 시럽을 닦아내어 가로세로 1.5cm 크기로 자른다.

• A는 합쳐서 체에 내린다.
⇒따뜻한 계절에는 체에 한 번 내린 뒤에 냉장실에 넣어 차갑게 식힌다.

• 버터는 가로세로 1cm 크기로 썬 후, 냉장실에 넣어 차갑게 식힌다.

• B는 합쳐서 냉장실에 넣어 차갑게 식힌다.

• 오븐팬에 오븐 시트를 깐다.

• 오븐은 190℃로 예열한다.

만드는 법

1 볼에 A, 소금, 버터를 넣고, 스크레이퍼로 버터를 작게 자른다. 버터가 작아지면 양 손바닥으로 문지르듯이 재료를 골고루 섞는다. 분말 상태가 되면 사탕수수당을 넣어 빠르게 섞는다.
⇒손의 열기에 버터가 녹지 않도록 빠르게 섞는다.

2 B를 넣고 실리콘 주걱으로 자르듯이 섞는다. 80% 정도 섞이면 보늬밤 조림을 넣고 섞어 한 덩어리로 뭉친다.
⇒이때 반죽을 과하게 섞지 않아야 구울 때 반죽이 잘 부푼다.

3 덧가루(강력분)를 적당량(분량 외) 뿌린 작업대에 2를 직사각형 모양으로 다듬고 손으로 살짝 누른 다음, 스크레이퍼로 반죽을 반으로 잘라 겹친다.

4 다시 위에서부터 반죽을 손으로 가볍게 누른 다음, 앞서와 마찬가지로 스크레이퍼로 반죽을 반으로 잘라 겹친다(a).
⇒반죽이 부슬부슬해서 잘 뭉쳐지지 않을 때는 이 과정을 한 번 더 반복한다.

5 밀대로 반죽을 가로세로 약 14cm, 두께 2cm로 늘인다. 지름이 5.8cm인 원형틀에 덧가루(강력분)를 적당량(분량 외) 뿌린 다음, 4개를 찍어서(b) 오븐팬에 올린다.
⇒틀 안쪽과 바깥쪽에 덧가루를 뿌리면 반죽이 달라붙지 않고 말끔히 빠진다.

6 남은 반죽은 되도록 힘을 가하지 않고 하나로 뭉친 다음, 5에서처럼 원형틀로 두 번 찍을 수 있는 크기로 늘여 반죽을 2개 찍어낸다. 마지막으로 남은 반죽은 반으로 나누어 소용돌이 모양으로 둥글게 빚어 오븐팬에 나란히 놓는다(c).

7 푼 달걀을 요리붓으로 반죽에 바른 후, 예열한 오븐에 넣어 20분 정도 굽는다.

8 다 구워지면 꺼내어 식힘망에 올려 식힌다.

✔맛있게 먹는 법

구운 스콘은 한 김 식었을 때 먹어야 맛있다.
시간이 지나면 딱딱해지므로
구운 당일에 먹는 것이 좋다.
랩으로 싸면 실온에 이틀 정도 보관할 수 있다.
보관해두었던 스콘은 먹기 전에 한 번 다시 굽는다.

마롱 샹티

밤의 풍미를 제대로 느낄 수 있는 디저트다.
들어가는 재료가 적어서 만드는 법은 간단하지만,
그것만으로도 우아하고 맛있는 디저트가 완성된다.
생크림에 럼주나 브랜디를 취향껏 넣기도 한다.

재료 (약 160ml 유리잔 1개 분량)
밤 페이스트(거친 타입 혹은 고운 타입/20p) — 50g
생크림(유지방 함유율 약 42%) — 60g

만드는 법

1 밤 페이스트는 굵은 체에 한 번 내린다(a).
  ⇒ 밤 페이스트를 체에 내리면 포슬포슬해진다.

2 볼에 생크림을 붓고, 바닥을 얼음물을 받은 볼에 댄 채
  로 핸드 믹서를 고속으로 돌린다. 핸드 믹서의 거품날
  로 크림을 떴을 때, 크림이 천천히 떨어질 정도로 휘핑
  한다.

3 숟가락으로 유리잔에 2를 80% 정도 담은 뒤, 표면을
  살짝 정리한다(b).

4 그 위에 1을 숟가락으로 포슬포슬한 질감이 잘 살도록
  조심스럽게 얹는다(c).

5 남은 생크림을 숟가락으로 떠서 봉긋하게 올린다.

✔맛있게 먹는 법
풍미가 쉽게 날아가므로 만들자마자 먹어야 맛있다.
바로 먹지 못할 때는 랩으로 싸서 냉장실에 보관했다가
그날 안에 먹는다.

유럽 밤 아이스크림 (좌) 일본 밤 아이스크림 (우)

유럽 밤의 진한 맛과 일본 밤의 부드러운 풍미를 살리고자
최대한 단순한 배합을 선택했다.
먹기 전에 냉장실로 옮겨 해동한 후 한 번 섞어주면
입안에서 부드럽게 녹아 더 맛있게 먹을 수 있다.

재료 (권장 분량)

●유럽 밤 아이스크림

우유—200g

물엿—20g

달걀노른자—50g

그래뉼러당—15g

마롱 페이스트(시판 제품/95p의 25 참조)—80g

럼주—8g

생크림(유지방 함유율 45%)—80g

●일본 밤 아이스크림

우유—200g

물엿—20g

달걀노른자—50g

그래뉼러당—30g

밤 페이스트(거친 타입 혹은 고운 타입/20p)—80g

생크림(유지방 함유율 45%)—80g

준비 (공통)

• 볼에 생크림을 붓고, 바닥을 얼음물을 받은 볼에 댄 채로 핸드 믹서를 고속으로 돌린다. 크림을 떴을 때 끝이 휠 정도로 휘핑한 후, 냉장실에 넣어 차갑게 식힌다.

만드는 법 (공통)

1 냄비에 우유, 물엿을 넣고 불에 올린 후, 실리콘 주걱으로 저으면서 데우다가 가장자리가 끓기 시작하면 불을 끈다.

2 볼에 달걀노른자와 그래뉼러당을 넣고, 거품기로 1~2분간 섞는다.

3 1을 조금씩 부으면서 거품기로 잘 섞는다.

4 3을 1의 냄비에 다시 부어 약불에 올린 다음, 실리콘 주걱으로 저으면서 걸쭉해질 때까지 약 83℃로 가열한 다음 불을 끈다. 따뜻한 상태에서 체에 한 번 내려 볼에 옮겨 담는다.

5 다른 볼에 마롱 페이스트 혹은 밤 페이스트를 담고, 4를 여러 번 나눠 넣은 다음, 그때마다 거품기로 부드러워질 때까지 잘 섞는다.

⇒4를 한꺼번에 넣고, 블렌더로 부드러워질 때까지 휘핑해도 된다.

6 볼의 바닥을 얼음물을 받은 다른 볼에 댄 채로 거품기로 섞는다. 유럽 밤 아이스크림은 이때 럼주를 넣어 섞는다.

7 미리 준비해놓은 생크림을 냉장실에서 꺼내 6을 5분의 1분량 넣고 거품기로 섞는다. 고르게 잘 섞이면 나머지 6을 전부 넣고 다시 잘 섞는다.

8 보관 용기에 담아 냉동실에 넣어 3시간 동안 굳힌 다음, 한 번 꺼내어 숟가락으로 골고루 잘 섞는다. 다시 냉동실에 넣어 차갑게 굳히다가 1~2시간마다 다시 숟가락으로 섞는다. 아이스크림이 쫀득하게 굳을 때까지 같은 작업을 반복한다(보통 3~4번).

⇒아이스크림이 완전히 굳으면 용기에서 꺼내 적당한 크기로 잘라 푸드프로세서에 돌리면 더 부드러워진다.

✔맛있게 먹는 법

아이스크림은 쫀득하게 굳었을 때 먹어야 가장 맛있다.

보관 용기에 담아 냉동실에 2주 정도 보관할 수 있다.

먹기 전에 미리 냉장실로 옮겨 30분 정도 두었다가

다시 잘 섞으면 딱 먹기 좋게 부드러워진다.

서양과
일본 스타일의
밤 파르페를
즐기다

밤과 블랙커런트를 넣은 파르페

(만드는 법 70p)

진한 맛을 내는 유럽 밤과
화려한 산미를 지닌 블랙커런트의 조합.
쿠키와 헤이즐넛을 곁들여
오독오독 씹히는 식감으로 포인트를 주었다.

밤과 호지차를 넣은 파르페
(만드는 법 70p)

밤과 잘 어울리는 호지차를 조합한
일본 스타일의 파르페.
향긋한 호지차 젤리는
보늬밤 조림의 시럽을 활용해 만들었다.

# 밤과 블랙커런트를 넣은 파르페
1인분(150ml 유리잔 1개 분량)

【구성】

블랙커런트잼을 유리잔 맨 아래에 담고, 그 위에 블랙커런트 아이스크림을 숟가락으로 떠서 올린다. 그 위에 스펀지케이크를 채우고 숟가락으로 생크림을 얹은 다음, 헤이즐넛과 작게 썬 보늬밤 조림을 뿌린다. 짤주머니에 넣은 밤 페이스트를 원을 그리듯이 두 바퀴 정도 돌려서 짠 다음, 유럽 밤 아이스크림을 숟가락으로 떠서 봉긋하게 담는다. 마지막으로 쿠키를 꽂고, 반으로 자른 보늬밤 조림을 올린다.

블랙커런트잼(49p memo)—적당량

유럽 밤 아이스크림(66p)—적당량

쿠키(시판 제품)—1개

보늬밤 조림(12p)—1개
⇒1개를 반으로 자르고, 한 조각은 다시 3~4조각으로 작게 썬다.

밤 페이스트(고운 타입/20p)—약 30g
⇒우유를 소량 섞어서 짜기 쉽게 점도를 조절하고, 몽블랑용 깍지를 끼운 짤주머니에 담아 짠다.

헤이즐넛—3~4개
⇒170℃의 오븐에 12분 구운 다음, 식으면 껍질을 벗긴다.

생크림—약 20g
⇒거품기로 떴을 때 크림의 뾰족한 끝이 휠 정도로 휘핑한다.

스펀지케이크(시판 제품)—적당량
⇒유리잔의 안쪽 지름에 맞춰 원형으로 자른다.

블랙커런트 아이스크림—적당량
⇒시중에 판매되는 바닐라 아이스크림 적당량에 블랙커런트잼을 적당량 섞는다.

# 밤과 호지차를 넣은 파르페
1인분(150ml 유리잔 1개 분량)

【구성】

호지차 젤리를 유리잔 맨 아래에 넣고, 그 위에 생크림을 숟가락으로 떠서 올린다. 2~3조각으로 자른 밤 설탕 조림을 뿌리고 스펀지케이크를 올린 후, 밤 소보로를 숟가락으로 떠서 수북하게 얹는다. 일본 밤 아이스크림을 아이스크림 스쿱으로 둥글게 떠서 올리고, 마지막으로 밤 설탕 조림과 웨하스를 토핑으로 얹는다.

memo

호지차 젤리 만드는 법(권장 분량)
냄비에 보늬밤 조림(12p)의 시럽 200g과 물 100g을 부어 불에 올린다. 끓기 시작하면 불을 끄고 줄기 호지차 10g을 넣어 가볍게 섞은 뒤, 뚜껑을 덮은 채로 3분간 우린다. 차 거름망에 한 번 걸러 불에 옮겨 담고 중량이 300g이 되도록 물을 더 넣는다. 냄비에 다시 부어 살짝 끓인 뒤, 불을 끄고 가루 젤라틴(뜨거운 물에 그대로 넣어 녹이는 타입) 3g을 넣은 다음, 실리콘 주걱으로 저어 녹인다. 용기에 담아 실온에서 식힌 후, 냉장실에 3시간 이상 넣어 차갑게 굳힌다.

웨하스(시판 제품)—1개

밤 설탕 조림(16p)—1개

일본 밤 아이스크림(66p)—적당량

밤 소보로—30~50g
⇒20p의 밤 페이스트(거친 타입 혹은 고운 타입)를 굵은 체에 내린다.

스펀지케이크(시판 제품)—적당량
⇒먹기 좋은 크기로 자른다.

밤 설탕 조림(16p)—2개
⇒각각 2~3조각으로 자른다.

생크림—약 20g
⇒거품기로 떴을 때, 생크림의 뾰족한 끝이 휠 정도로 휘핑한다.

호지차 젤리(왼쪽 memo)—약 50g
⇒숟가락으로 떠서 담는다.

Chapter
2
—
섬세하고 소박한 맛
밤을 이용한
화과자

버터 같은 유제품을 사용하지 않는 화과자는
섬세한 밤의 맛을 최대한 끌어낸다.
이 장에서는 손이 많이 가는 앙금 만드는 작업을 생략해
가정에서도 간편하게 만들 수 있는 레시피를 소개한다.
밤 설탕 조림의 선명한 노란색은 특별한 느낌을 주고,
밤 페이스트의 은은한 갈색은 차분한 가을을 연상케 한다.
이러한 전통적인 색을 즐길 수 있다는 점 또한
밤을 이용한 화과자의 매력이라 할 수 있다.

밤과 말차를 넣은 우키시마
(만드는 법 74p)

우키시마 — 밤과 말차를 넣은

백앙금과 머랭으로 만드는 스펀지 같은 화과자다.
촉촉하고 가벼운 식감을 지녀 차에 곁들여 먹기 좋다.
플레인과 말차 두 가지 반죽을 겹쳐서
색감의 변화도 즐길 수 있게 했다.

재료 (14×11cm 크기의 화과자용 사각틀* 1개 분량)

밤 설탕 조림(16p) —100g
백앙금(시판 제품/95p의 23 참조) —160g
달걀노른자 —30g

A │ 조신코** —8g
　│ 박력분 —4g

B │ 조신코 —6g
　│ 박력분 —4g
　│ 말차 —2g

달걀흰자 —55g
백설탕 —25g

*같은 크기의 내열성 트레이나 용기 등을 대신 사용해도 된다.
**멥쌀을 세척 건조해서 가루를 낸 것.

준비

• 밤 설탕 조림은 키친타월로 시럽을 닦아낸 후, 약 2×
1.5cm 크기로 자른다.
• 오븐 시트는 화과자 틀보다 1cm 정도 높이 올라오게
자른 뒤 틀에 맞춰 접고, 네 모서리의 겹치는 부분에
는 칼집을 낸 다음, 분리형 밑판을 넣은 화과자 틀에
깐다.
• 찜기에 물을 받고, 행주로 감싼 뚜껑을 덮어 가열한
다(a).

만드는 법

1　볼에 백앙금과 달걀노른자를 넣고, 실리콘 주걱으로
잘 섞는다.

2　1을 반으로 나눠(95g씩) 각각 다른 볼에 담는다. 한쪽
볼에 A를 넣고 실리콘 주걱으로 섞는다(플레인 반죽).
다른 볼에는 물 1작은술을 넣어 섞은 다음, B를 넣고
다시 잘 섞는다(말차 반죽).
⇒ 말차는 흡수율이 높아 반죽이 되직해지기 쉬워 물을 조금
첨가한다.

3　다른 볼에 달걀흰자를 넣고, 핸드 믹서를 저속으로 돌
려 30초간 풀어준다. 핸드 믹서를 고속으로 바꾸고, 백
설탕을 넣어 머랭을 만든다. 머랭을 들었을 때, 뾰족한
끝이 휠 정도로 휘핑한다.
⇒ 거품을 너무 오래 내면 머랭이 푸석해지니 주의하자.

4　3을 반으로 나누어 2의 A와 B가 담긴 볼에 각각 두 번
에 나눠 넣고, 그때마다 머랭이 보이지 않을 때까지
실리콘 주걱으로 볼의 바닥에서부터 퍼 올리듯이 섞
는다.
⇒ 머랭은 방치하면 푸석해지기 쉬우므로 사용하기 직전에
다시 섞어 부드러운 상태로 만든 후에 쓰는 것이 좋다.

5　화과자틀에 B의 말차 반죽을 붓고, 스크레이퍼로 표
면을 고르게 정리한 다음(b), 밤 설탕 조림을 가지런히
올린다(c).

6　그 위에 A의 플레인 반죽을 붓고, 마찬가지로 표면을
평평하게 다듬는다(d).

7　김이 나는 찜기에 넣고(e), 처음에는 뚜껑을 살짝 연
채로 10분, 그 후에는 뚜껑을 완전히 덮은 채로 25분간
조금 약한 중불에서 찐다.

8　오븐 시트째 틀에서 꺼낸 다음, 화과자가 마르지 않
도록 물에 적신 행주를 한 번 꽉 짠 다음 그 위에 덮어
식힌다(f). 완전히 식으면 오븐 시트를 벗기고, 가장자
리를 잘라낸 후, 12등분으로(한쪽 변 약 2.5cm×4cm) 자
른다.

맛있게 먹는 법

만든 당일에 먹어야 가장 맛있다.
말차는 색이 쉽게 바래기 때문에
바로 먹지 않을 시에는 랩으로 싼 다음
알루미늄 포일로 한 번 더 감싸서 냉장실에 넣는다.
냉장실에 4일 정도 보관할 수 있으며,
먹기 전에는 미리 실온에 꺼내둔다.

밤을 넣은 도라야키

통팥앙금 & 밤 설탕 조림 도라야키 (위) 밤앙금 & 보늬밤 조림 도라야키 (아래)

대표적인 화과자인 도라야키에도 밤을 넣으면
순식간에 근사한 가을 메뉴로 탈바꿈한다.
반죽을 구울 때는 조금 높은 위치에서
프라이팬에 반죽을 흘려 둥글게 모양을 잡는다.

재료 (지름 8cm 8개 분량/공통)

[반죽]

푼 달걀—100g

백설탕—95g

A | 꿀—8g
  | 혼미림*—5g

박력분—110g

B | 베이킹소다—1.5g
  | 물—23g

태백 참기름—적당량

● 통팥앙금&밤 설탕 조림 도라야키 (4개 분량)

밤 설탕 조림(16p)—4개

통팥앙금(시판 제품/95p의 23 참조)—120g

● 밤앙금&보늬밤 조림 도라야키 (4개 분량)

보늬밤 조림(12p)—3개

밤 페이스트(고운 타입/20p)—60g

백앙금(시판 제품/95p의 23 참조)—60g

*일본 전통 방식 그대로 찹쌀, 누룩, 주정 등을 발효시켜 만든 술로 알
코올 도수가 14% 정도로 상당히 높다. 일반 미림은 혼미림에 물, 설
탕, 조미료 등을 첨가해 알코올 도수를 낮춘 조미용 제품이다.

준비 (공통)

- 밤 설탕 조림, 보늬밤 조림 모두 키친타월로 시럽을 닦
  아내고, 보늬밤 조림은 세로 방향으로 4조각으로 자
  른다.
- 밤 페이스트와 백앙금을 섞어 밤앙금을 만든다.
- 달걀은 실온에 미리 꺼내 풀어둔다.
- 박력분은 체에 내린다.
- B는 잘 섞어둔다.

만드는 법 (6까지 공통)

1 반죽을 만든다. 볼에 푼 달걀과 백설탕을 넣고, 거품기
  로 1분 정도 저어 거품을 낸다.

2 A를 넣어 잘 섞은 다음, 박력분을 넣고 거품기로 바닥
  에서부터 퍼 올리듯이 섞는다. 여기에 B를 넣고 같은
  방법으로 섞는다.

3 랩을 씌워 실온에서 30분간 휴지시킨다.

4 프라이팬을 약불로 달구고, 태백 참기름을 먹인 키친
  타월로 표면을 닦아 기름을 골고루 묻힌다.

  ⇒뚜껑이 있는 큰 사각 핫플레이트가 있으면 한번에 여러 장
  을 구울 수 있어 편리하다. 프라이팬의 경우, 경사가 진 프라
  이팬은 반죽이 흘러내려 둥글게 모양을 잡기 어려우므로 평
  평한 프라이팬에 굽는 것이 좋다.

5 3을 1큰술 가득 뜬 다음, 조금 높은 위치에서 4의 프라
  이팬에 흘린다.

  ⇒조금 높은 위치에서 흘려야 둥근 모양을 만들기 쉽다.

6 뚜껑을 덮고 상태를 보다가 표면에 작은 기포가 올라
  오기 시작하면 반죽을 뒤집어 30초 정도 구운 후 건져
  서 작업대에 놓는다. 같은 방법으로 16장 굽는다.

  ⇒반죽이 다 구워지면 마르지 않도록 물기를 꽉 짠 행주나 랩
  을 씌워두는 것이 좋다.

7 통팥앙금&밤 설탕 조림 도라야키를 만든다. 6의 반
  죽 4장에 통팥앙금을 4분의 1분량씩 올리고, 스패튤
  러나 나무 주걱으로 봉긋하게 모양을 잡은 다음, 앙금
  의 가운데 부분을 꾹 눌러(a), 밤 설탕 조림(밤이 너무 클
  때는 적당히 자른다)을 한 개씩 올린다(b의 오른쪽). 남은
  4장을 각각 그 위에 올리고 손바닥으로 감싸 밀착시
  킨다(c).

8 밤앙금&보늬밤 조림 도라야키를 만든다. 6의 반죽
  4장에 밤앙금을 4분의 1분량씩 올리고, 스패튤러나
  나무 주걱으로 봉긋하게 모양을 잡는다. 보늬밤 조림
  을 세 조각씩 올리고(b의 왼쪽), 남은 4장을 각각 그 위
  에 올린 뒤 손바닥으로 감싸 밀착시킨다.

✎ 맛있게 먹는 법

반나절~하루 정도 두었다가 먹으면
구운 반죽이 촉촉해져서 맛있다.
랩으로 싸면 실온(따뜻한 계절에는 냉장실)에
3일 정도 보관할 수 있다.

밤을 넣은 찐 양갱

고운 팥앙금에 밀가루를 넣어 찌면
특유의 탱글탱글한 식감이 만들어진다.
밤 설탕 조림을 아낌없이 듬뿍 넣어
시판 제품과는 비교할 수 없는 호사스러운 맛을 즐겨보자.

재료 (14×11cm 크기의 화과자용 사각틀* 1개 분량)

밤 설탕 조림(16p) — 220g

고운 팥앙금(시판 제품/95p의 23 참조) — 300g

박력분 — 25g

감자 전분 — 6g

백설탕 — 15g

소금 — 약간

뜨거운 물(60℃) — 65g

*같은 크기의 내열성 트레이나 용기 등을 대신 사용해도 된다.

준비

• 밤 설탕 조림은 키친타월로 시럽을 닦아낸 후, 세로로
반을 자른다.

• 오븐 시트는 화과자틀보다 1cm 정도 높이 올라오게
자른 뒤 틀에 맞춰 접고, 네 모서리의 겹치는 부분에
는 칼집을 낸 다음, 분리형 밑판을 넣은 화과자틀에
깐다.

• 찜기에 물을 받고, 행주로 감싼 뚜껑을 덮어 가열한다
(75p의 a 참조).

만드는 법

1 볼에 고운 팥앙금, 박력분, 감자 전분을 넣고, 손으로
이기듯이 잘 섞는다. 골고루 잘 섞이면 백설탕과 소금
을 넣고 다시 잘 섞는다.

2 분량의 뜨거운 물을 세 번에 나눠 넣고, 그때마다 반죽
이 균일해질 때까지 실리콘 주걱으로 잘 섞는다. 반죽
이 걸쭉하고 매끄러워지면 밤 설탕 조림을 넣어 섞는다.

3 화과자틀에 붓고(a), 표면을 스크레이퍼로 평평하게
정리한다(b).

4 김이 나는 찜기에 넣고, 뚜껑을 닫은 후(c), 조금 약한
중불에 50분간 찐다.
⇒ 가열 중에 물이 줄어들면 뜨거운 물을 적당량 넣는다.

5 다 쪄지면 뜨거운 상태에서 스크레이퍼로 표면을 매
끄럽게 다듬은 후, 실온에서 식힌다. 한김 식으면 오븐
시트째 틀에서 꺼낸다. 완전히 식으면 오븐 시트를 벗
겨 랩으로 싼다. 반나절(4~6시간) 정도 그대로 두었다
가 랩을 벗기고, 가장자리를 잘라낸 후, 16등분(한쪽 변
약 1.5×4.8cm)으로 자른다.
⇒ 식어도 한동안은 굳지 않고 부드러우므로 반나절 정도 두
었다가 자르는 것이 좋다.

🥄 맛있게 먹는 법

반나절~하룻밤 동안 두었다가 먹으면 좋다.
랩으로 싸면 냉장실에 5일 정도 보관할 수 있다.
먹기 전에는 실온에 미리 꺼내둔다.

불투명한 유리 같은 질감이 아름다운 고하쿠토.
밤 설탕 조림의 노란색이 모자이크처럼 보여서
한참을 바라보게 되는 화과자다.
바삭한 식감이 중독적이다.

재료 (14×11cm 크기의 화과자용 사각틀* 1개 분량)

밤 설탕 조림(16p)—150g

한천 가루—6g

물—230g

그래뉼러당—340g

유자 필(시판 제품)—20g

*같은 크기의 내열성 트레이나 용기 등을 대신 사용해도 된다.

준비

• 밤 설탕 조림은 키친타월로 시럽을 닦아낸 후, 가로세
로 7mm 크기로 자른다.
⇒ 갈색으로 변한 부분은 제거하고,
최대한 고운 색을 띠는 부분을 사용한다.

• 유자 필은 2~3mm 너비로 다진다.

• 화과자용 틀은 밑판을 분리하고, 물에 살짝 적신다.

만드는 법

1 냄비에 분량의 물과 한천 가루를 넣고, 실리콘 주걱으
로 저으면서 조금 약한 중불에 올린다. 끓으면 불을 약
불로 줄이고 2분 정도 저으면서 가열해 한천 가루를 녹
인다.

2 그래뉼러당을 넣고 저으면서 바싹 졸인다. 실리콘 주
걱을 들어 올렸을 때, 액체가 실처럼 가늘게 흘러내리
면 불을 끈다.
⇒ 거품이 생기면 숟가락으로 건져낸다.

3 밤 설탕 조림과 유자 필을 넣어 잘 섞은 다음, 화과자용
틀에 부어 실온에서 식힌다. 식힌 지 15분 그리고 30분
이 지났을 때(걸쭉해졌을 무렵), 숟가락으로 위아래가 바
뀌게 가볍게 섞는다.
⇒ 그대로 두면 밤이 전부 위로 뜬 상태에서 굳어버리므로 도
중에 섞어서 밤이 골고루 자리하게 한다.

4 실온에서 식힌 후에 랩으로 싸서 냉장실에 2시간 이상
차갑게 굳힌다.

5 화과자용 틀의 옆면에 스패튤러를 밀어 넣어 고하쿠토
를 떼어낸 다음, 틀을 비스듬하게 기울여 바닥 부분을
조금 띄운 후에 거꾸로 뒤집어 꺼낸다. 꺼낸 고하쿠토
는 한쪽 변 약 4.5cm×7mm로 자른다(a).

6 자른 고하쿠토를 오븐 시트 위에 가지런히 놓고, 실온
에서 3~5일간 건조시킨다(b). 반나절~하루에 한 번 뒤
집어가며 양면을 완전히 말려서 설탕이 재결정화되어
표면이 바삭해질 때까지 둔다.
⇒ 랩을 씌우지 않고 말린다. 온도나 습도에 따라 말리는 기간
이 차이 날 수 있으므로 중간 중간 상태를 살피도록 하자.

✎ **맛있게 먹는 법**

설탕이 재결정화되어
표면이 불투명한 유리처럼 변하면 먹으면 된다.
보관 용기에 담으면 냉장실에 2주 정도 보관할 수 있다.
먹기 전에는 미리 실온에 꺼내둔다.

구리킨톤
(만드는 법 84p)

구리킨톤

밤으로 만드는 화과자라고 하면
가장 먼저 떠올리게 되는 구리킨톤.
밤 페이스트를 미리 만들어두면
생각났을 때 간편하게 만들 수 있다.
밤 본연의 섬세한 풍미를 한껏 느껴볼 수 있다.

재료 (6개 분량)
밤 페이스트(거친 타입 혹은 고운 타입/20p) —180g
⇒ 밤이 살짝 씹히는 식감이 좋다면 거친 타입,
촉촉하고 부드러운 식감이 좋다면 고운 타입을 사용한다.

만드는 법

1 밤 페이스트를 6등분(개당 30g) 한다.
2 살짝 적신 행주나 면포(랩도 사용 가능)를 손바닥에 넓게
펼치고, 1을 올려 감싼 다음 행주를 비틀어 짠다(a). 비튼
부분을 그대로 고정한 채로 반대쪽 엄지손가락의 아랫
부분에 대고 구리킨톤의 바닥을 살짝 눌러 모양을 잡은
다음(b), 행주를 천천히 풀어 펼친다(c). 같은 방법으로
6개를 만든다.

✎ **맛있게 먹는 법**
만들자마자 먹어야 맛있다.
표면이 마르지 않도록 랩으로 싸면
냉장실에 3일 정도 보관할 수 있다.
먹기 전에는 실온에 미리 꺼내둔다.

밤
모
나
카

시판 제품인 통팥앙금과 모나카 과자 껍질에
밤 설탕 조림만 있으면 쉽게 만들 수 있다.
간식으로 먹어도 맛있고,
손님 접대용 다과로도 좋다.

재료 (6개 분량)

밤 설탕 조림(16p) —6개

모나카 과자 껍질(시판 제품/세로 5.5×가로 5.8cm/

   memo 참고) —6개 분량

통팥앙금(시판 제품/95p의 23 참조) —240g

준비

• 밤 설탕 조림은 키친타월로 시럽을 닦아낸다.

• 통팥앙금은 6등분(개당 40g)한다.

만드는 법

1 아래에 놓을 모나카 껍질에 통팥앙금을 올리고, 나무
   주걱으로 봉긋하게 모양을 잡는다.

2 앙금의 가운데 부분을 꾹 누르고, 그 위에 밤 설탕 조림
   한 개를 통째로 올린 뒤, 또 다른 모나카 껍질을 그 위
   에 덮는다. 같은 방법으로 모나카 6개를 만든다.
   ⇒ 보늬밤 조림이나 밤 설탕 조림을 작게 잘라 백앙금이나 고
   운 팥앙금 등 선호하는 앙금에 섞어 넣어도 맛있다. 66p의 밤
   아이스크림 외에도 시중에 판매하는 바닐라 아이스크림에
   마롱 페이스트를 짜거나 좋아하는 아이스크림을 넣어서 모
   나카 아이스크림으로 즐겨도 된다.

✔**맛있게 먹는 법**

만들자마자 먹어야 맛있다.
모나카 과자 껍질은 습기에 약하므로
먹을 만큼만 만들어서
그날 안에 먹는 것이 좋다.

memo

마음에 드는 모나카 과자 껍질로
만들면 더 재미있다

시중에 판매되는 모나카 과자 껍질은 모양
이나 디자인이 다양하다. 온라인으로 제품
을 판매하는 업체도 있으므로 원하는 모양
의 과자 껍질을 찾아보면 재미있다. 모나카
에 넣을 다양한 재료와 앙금을 준비해 가족
이나 친구들과 함께 만들어보길 추천한다.

구리코모치

밤 페이스트를 소보로처럼 부슬부슬한 알갱이 형태로 만들어
부드러운 모치에 듬뿍 찍어 먹는 소박하면서도 호사스러운 과자다.
일본식 찹쌀떡인 모치는 시라타마코*를 이용해
전자레인지로 간편하게 만든다.

재료 (5인분)

[밤 소보로]
밤 페이스트(거친 타입 혹은 고운 타입/20p) —200g

[모치]
시라타마코—100g
백설탕—20g
물—150g

*썻은 찹쌀을 맷돌로 갈아 물에 침전시킨 뒤 건조한 것.
한국의 찹쌀가루와 식감이 비슷하다.

만드는 법

1 밤 소보로를 만든다. 밤 페이스트는 굵은 체에 내린다.
절반 분량을 5분의 1씩 나눠 접시 5개에 넓게 뿌려놓
는다.

2 모치를 만든다. 내열 용기에 시라타마코와 백설탕을
넣는다. 분량의 물 가운데 100g을 넣고, 실리콘 주걱으
로 잘 섞어 시라타마코를 완전히 녹인다. 남은 물을 절
반씩 부어가며 그때마다 실리콘 주걱으로 잘 섞는다.

3 랩을 느슨하게 씌운 상태로 전자레인지(600W)에 1분
간 돌린 후 꺼내어 실리콘 주걱으로 잘 섞는다(a).

4 3을 다시 반복한 후, 마지막으로 전자레인지에 30초간
돌려 잘 섞는다(b).
⇒ 반죽이 잘 늘어나고 윤기가 나면 된다.

5 물에 적신 숟가락으로 5분의 1분량씩 떠서 1의 접시에
올린다(c). 모치 위에 1에서 남겨두었던 밤 소보로를
5분의 1분량씩 뿌린다.

✎맛있게 먹는 법
만들자마자 먹어야 맛있다.
모치는 쉽게 굳어 버리므로 만든 당일에 먹는 것이 좋다.

밤을 넣은 긴쓰바

통팥앙금에 밤 설탕 조림을 듬뿍 넣은 긴쓰바는
촉촉하면서도 쫄깃한 반죽을 묻혀 구워낸다.
평소에 간식으로 즐기기 딱 좋은 소박한 과자다.

재료 (14×11cm 크기의 화과자용 사각틀* 1개 분량)

[밤 양갱]

밤 설탕 조림(16p)—85g

물—80g

한천 가루—1g

통팥앙금(시판 제품 p95의 23 참조)—250g

소금—한 꼬집

[반죽]

시라타마코—8g

백설탕—12g

물—65g

박력분—40g

태백 참기름—적당량

*같은 크기의 내열성 트레이나 용기 등을 대신 사용해도 된다.

준비

• 밤 설탕 조림은 키친타월로 시럽을 닦아낸 후, 가로세로 1cm 크기로 자른다.

• 박력분은 체에 내린다.

• 화과자용 틀은 분리형 밑판을 넣고, 물에 살짝 적신다.
  ⇒트레이나 용기 등을 사용할 시에는
  틀에 맞게 오븐 시트를 깐다.

✐맛있게 먹는 법

갓 구웠을 때보다 2시간 정도 지난 후에 먹어야
맛이 배어들어 더 맛있다. 랩으로 싸거나
보관 용기에 담으면 냉장실에 4일 정도 보관할 수 있다.
먹기 전에는 실온에 미리 꺼내둔다.

만드는 법

1 밤 양갱을 만든다. 냄비에 분량의 물과 한천 가루를 넣고 약불에 올린다. 실리콘 주걱으로 2분 정도 저으면서 가열해 한천 가루를 녹인다.

2 통팥앙금과 소금을 넣고, 같은 방법으로 2~3분간 저으면서 적당히 조린 다음, 밤 설탕 조림을 넣어 섞는다.

3 화과자용 틀에 붓고, 스크레이퍼로 표면을 평평하게 다듬은 후, 그대로 실온에서 식힌다. 식으면 표면에 랩을 덮고 냉장실에 넣어 2시간~하룻밤 동안 차갑게 굳힌다.

4 화과자용 틀에서 밤 양갱을 꺼내어 8등분(한쪽 변 약 3.5cm×5.5cm)한다(a).

5 반죽을 만든다. 볼에 시라타마코를 넣고, 분량의 물을 조금씩 부어가면서 거품기로 섞는다. 시라타마코가 녹으면 백설탕과 박력분을 넣고 잘 섞는다.
   ⇒ 물을 한꺼번에 부으면 시라타마코가 뭉치기 쉬우니 주의하자.

6 랩을 씌워 실온에 30분간 둔다.

7 프라이팬이나 핫플레이트를 약불로 달구고, 태백 참기름을 살짝 뿌려 키친타월로 얇게 펴바른다.

8 6의 랩을 벗기고 4의 한쪽 면에 반죽을 얇게 입힌다(b). 7에 가지런히 올리고 약불 상태에서 반죽이 마를 정도까지 굽는다(c). 한쪽 면이 다 구워지면 반대쪽 면도 같은 방법으로 반죽을 묻혀 한쪽 면씩 굽는다.
   ⇒ 반죽이 프라이팬에 달라붙지 않도록 도중에 기름을 먹인 키친타월로 닦으면서 굽는다(d).

9 모든 면을 굽고 나면 식힘망에 올려 식힌 뒤(e), 비어져 나온 반죽을 주방 가위로 잘라 모양을 다듬는다(f).

89

밤을 넣은 다이후쿠

밤 설탕 조림의 풍미를 살리기 위해
부드러운 백앙금을 함께 넣었다.
말랑말랑한 맛있는 모치는
역시 직접 만들어야만 맛볼 수 있다.

재료 (8개 분량)

[소]

밤 설탕 조림(16p)—8개

백앙금(시판 제품/95p의 23 참조)—200g

[모치]

시라타마코—100g

백설탕—25g

물—125g

감자 전분—적당량

준비

• 밤 설탕 조림은 키친타월로 시럽을 닦아낸다.

만드는 법

1 소를 만든다. 백앙금을 8등분(개당 25g)하여 손으로 둥글게 빚은 다음, 손바닥으로 살짝 눌러 평평하게 만든다. 가운데에 밤 설탕 조림 한 개를 눕혀서 올리고, 밤 높이의 80% 정도까지 백앙금으로 감싼다(a).

2 모치를 만든다. 내열 용기에 시라타마코와 백설탕을 넣고 실리콘 주걱으로 섞은 다음, 분량의 물 가운데 100g을 부어 잘 섞는다. 남은 물을 부으면서 실리콘 주걱으로 잘 섞어 시라타마코를 완전히 녹인다.

3 랩으로 느슨하게 덮어 전자레인지(600W)에 1분간 돌린 다음, 꺼내어 실리콘 주걱으로 잘 섞는다(86p의 a 참조).

4 3을 다시 반복한 후, 마지막으로 전자레인지에 30초간 돌려 잘 섞는다.
⇒ 반죽이 잘 늘어나고 윤기가 나면 된다.

5 트레이에 감자 전분을 넓게 뿌리고, 4를 올린다. 그 위에 감자 전분을 뿌린 다음, 반죽을 10×20cm 크기로 만들고, 스크레이퍼를 이용해 8등분(가로세로 5cm)한다.

6 마무리한다. 손에 감자 전분을 살짝 뿌린 다음, 5를 지름이 7cm 정도 되게 평평하게 늘인다(b). 반죽 가운데에 1의 밤이 나와 있는 부분이 바닥을 향하게 놓는다. 반죽을 조금씩 늘이면서 소를 싼 다음, 맞닿은 부분을 손끝으로 꾹 눌러 붙인다(c).
⇒ 모치는 식으면 잘 늘어나지 않으므로 뜨거울 때 작업해야 한다(화상을 입지 않게 주의하자).

7 마지막으로 이음매 부분이 바닥을 향하게 놓고, 손바닥 위쪽으로 떡을 돌려가며 둥글게 다듬는다(d). 같은 방법으로 총 8개를 만든다.

✍**맛있게 먹는 법**
만들자마자 먹어야 맛있다.
모치는 금세 굳으므로
만든 당일에 먹어야 한다.

직업상 평소에 다양한 식재료를 사용하지만,
밤만큼 손이 많이 가는 재료는 없지 않을까 매번 생각합니다.
단단하고 빈틈이라고는 없는 겉껍질과 섬세한 속껍질에 겹겹이 싸여 있어서
껍질을 꼼꼼하게 벗겨내기가 쉽지 않습니다.

하지만 이렇게 손이 많이 가기에 밤을 정성껏 손질해서 저장 식품을 만들고,
길게 늘어선 병을 바라보고 있자면 성취감과 함께 '역시 밤은 좋아'라며
행복한 기분에 빠져듭니다.
정말 사랑스러운 존재지요.

이번에는 밤을 이용한 다양한 과자를 소개해봤는데, 저장 식품인 보늬밤 조림과
밤 설탕 조림 그리고 밤 페이스트도 그 자체만으로 훌륭한 디저트라 생각합니다.
처음에는 이것들을 그대로 드시면서 밤 본연의 맛과 향을 느껴보시기 바랍니다.

이 책에는 그야말로 '밤과자의 올스타'를 모두 모아봤습니다.
간단히 만들 수 있는 과자부터 조금 손이 많이 가는 과자까지 있지만,
시대가 아무리 변해도 '그래, 역시 맛있다니까!'라고 순순히 수긍할 만한
보편적인 맛을 소개하고자 노력했습니다.

저는 그동안 오직 먹기 위해 밤을 손질했었는데,
작년부터는 밤껍질을 이용한 염색에도 도전하기 시작했습니다.
자연을 닮은 수수한 색이 가을과 잘 어울려 매우 마음에 든답니다.
무명천을 염색해 구리킨톤을 만들 때 쓰거나 밤으로 만든 과자를 포장하면
밤을 손질하는 일이 한층 더 즐거워집니다.

이 책을 통해 여러분이 좀 더 쉽고 즐겁게 밤 베이킹에 도전해보시기 바랍니다.
또 이 책에 소개한 밤과자 중에 단 하나라도 여러분에게 가을을 대표하는 과자가 된다면
더할 나위 없이 기쁠 것입니다.

시모조노 마사에

밤을 삶은 물을 이용한 염색법

[보늬밤 조림을 만들 경우]

1 천을 손으로 미지근한 물에 빤 다음, 꽉 짠다.

2 보늬밤 조림의 step 5~6(14p)에서 떫은맛을 제거하기 위해 밤을 삶은 물을 따로 덜어 두었다가 체에 걸러 냄비에 담는다.

  ⇒처음 삶은 물을 사용하는 것이 좋다. 이 경우, step 7에서는 물을 한꺼번에 간다.

3 냄비에 1을 넣어 30분 정도 약불에 끓인 후 불을 끄고 그대로 2시간~하룻밤 동안 둔다. 수면에 천이 뜨지 않도록 가끔 긴 튀김용 젓가락 등으로 천을 가라앉혀 색이 골고루 배게 한다.

  ⇒오래 둘수록 더 진하게 물든다. 얼핏 보기에는 색이 진해 보여도 5에서 소백반을 녹인 물에 담그면 색이 상당히 밝아진다.

4 볼에 50~60℃의 뜨거운 물 1리터를 받고, 소백반 1큰술을 넣어 녹인다.

5 3을 물에 가볍게 헹궈 짠 다음, 4에 20~30분간 담근다.

6 손으로 깨끗이 빤 후에 물기를 짜서 말린다.

  ⇒색을 좀 더 진하게 내고 싶을 때는 다시 3의 염색액에 몇 시간 동안 담근 뒤, 4의 소백반을 탄 물에 담그는 과정을 반복한다. 두 번째부터는 가열하지 않고 물에 담그기만 해도 된다. 담그는 시간은 색이 물드는 정도에 따라 조정한다.

[밤 설탕 조림을 만들 경우]

천은 위에 소개한 1과 같이 한다. 단, 보늬밤 조림을 만들 때보다 염색액이 적게 나오므로 작은 천을 사용하는 것이 좋다. 큰 천을 염색할 때는 치자 열매와 물을 적당히 넣어 염색액의 양을 늘린다. 밤 설탕 조림의 step 7(18p)에서 치자 열매를 건진 물을 체에 걸러 냄비에 담고, 위에 나온 3과 같은 방법으로 천을 끓인 후 불을 끄고 그대로 30분 동안 지켜보며 상태를 살핀다. 천이 잘 물들었으면 위의 4~5처럼 소백반을 녹인 물에 담근 후 깨끗이 빨고 물기를 짜서 말린다.

은은한 분홍색이 보늬밤 조림을 만들 때 끓인 물로 염색한 천이고, 은은한 노란색이 밤 설탕 조림을 만들 때 쓴 물로 염색한 천이다. 이 책에 소개한 것은 쉽게 시도해볼 수 있는 매우 간단한 염색법이다. 면포나 행주처럼 얇은 천이 염색이 더 잘 되며, 천의 크기는 밤을 끓인 물에 완전히 잠길 수 있는 정도가 적당하다.

밤 베이킹을 할 때 필요한 아이템과
갖추어두면 편리한 도구를 소개한다.

밤 저장 식품에 사용하는 도구 | 제과에 사용하는 도구

1. **얇은 면장갑+일회용 니트릴 장갑, 손가락 골무** 밤껍질을 벗길 때, 손에 면장갑과 니트릴 장갑을 겹쳐서 끼우거나 손가락 골무를 낀다. 2. **케이크 테스터** 밤 설탕 조림을 조리는 과정에서 밤을 찔러 잘 익었는지 확인한다. 3. **계량스푼** 삶은 밤의 속을 파낼 때 쓰기 좋다. 4. **밤 깎는 도구** 스와다 SUWADA의 제품을 추천한다. 5. **패티 나이프** 밤껍질을 깎을 때 사용하는 제품은 칼날 길이가 120mm인 Misono 440 패티 나이프. 6. **디지털 저울** 0.1g 단위까지 측정할 수 있으며, 중량이 디지털 표시되는 제품을 사용한다.

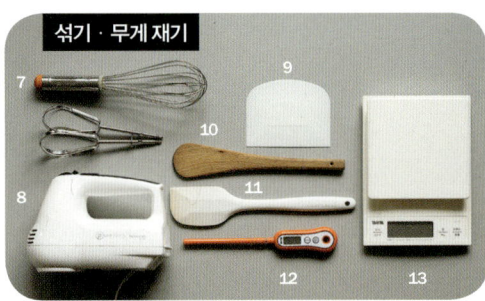

섞기 · 무게 재기

7. **거품기** 반죽이나 생크림을 거품 낼 때 사용한다. 와이어가 잘 고정된 제품이 쓰기 편하다. 8. **핸드 믹서** 속도를 조절하면서 제대로 휘핑할 수 있다. 기종에 따라 출력이 차이나므로 상태를 잘 살피면서 사용한다. 9. **스크레이퍼** 반죽을 섞거나 성형하거나 혹은 반죽 표면을 정리할 때 사용한다. 10. **나무 주걱** 버터나 가루가 많은 반죽을 섞을 때 요긴하게 쓰인다. 제과용으로 나온 얇은 제품을 고른다. 11. **실리콘 주걱** 부드러운 재료를 섞을 때나 반죽을 틀이나 볼에 옮겨 담을 때 사용하면 편리하다. 내열성이 있는 제품을 쓰는 것이 좋다. 12. **식품 온도계** 초콜릿을 중탕으로 녹일 때 반드시 필요하다. 13. **디지털 저울** 재료를 계량할 때, 0.1g 단위까지 측정 가능한 디지털 저울이 꼭 필요하다.

주로 사용하는 틀

14. **구겔호프틀** 지름 15×높이 8cm. 깊은 도넛 형태의 틀에 대각선으로 무늬가 들어간 점이 특징이다. 15. **원형틀** 가장 많이 쓰는 원형틀은 지름 15×높이 6cm의 틀로, 바닥이 분리되는 '분리형'과 분리되지 않는 '일체형'을 모두 사용한다. 16. **파운드케이크틀** 쓰기 편한 크기의 파운드케이크 틀이다. 18×7×높이 5.5cm인 기본 사이즈와 약 23×4.5×높이 6cm인 슬림 파운드케이크 틀을 사용한다. 17. **롤케이크용 틀** 가로세로 27cm×높이 1.9cm인 롤케이크용 틀로, 반죽이 얼룩지지 않고 깔끔하게 구워진다. 18. **화과자용 사각틀** 14×11×높이 4.5cm의 틀로, 만드는 과자에 따라 분리형 밑판을 끼웠다가 뺐다가 한다. 사용하기 전에 물에 적시거나 오븐 시트를 깐다. 19. **세르크틀** 마롱 파이를 구울 때 지름 6×높이 4.5cm 크기의 세르크틀을 파이에 끼워 굽는다. 머핀틀이나 푸딩컵을 대신 써도 된다.

기타

20. **짤주머니·깍지** 짤주머니는 반복 사용이 가능한 제품을 2~3장 마련해두면 편리하다. 깍지는 지름이 각각 1cm와 1.3cm인 원형 깍지 두 개와 몽블랑용 깍지를 사용한다. 21. **오븐 시트** 오븐팬이나 각종 틀에 깔거나 반죽을 성형할 때 사용한다. 22. **체·굵은 체** 왼쪽의 체는 고운 분말류를 내리거나 페이스트를 곱게 내릴 때 쓴다. 오른쪽의 굵은 체는 아몬드 가루처럼 입자가 굵은 가루를 내리거나 페이스트를 굵게 내릴 때 쓴다. 23. **볼** 지름이 각각 13cm와 18cm인 볼을 준비한다. 중탕할 때 사용할 수 있도록 열전도율이 높은 스테인리스 제품을 추천한다. 24. **식힘망** 지름이 24cm인 제품. 구운 과자를 올려서 식히거나 케이크에 아이싱이나 시럽을 바를 때 사용하면 편리하다.

재료

밤 베이킹을 할 때 사용하는
주요 재료를 소개한다.

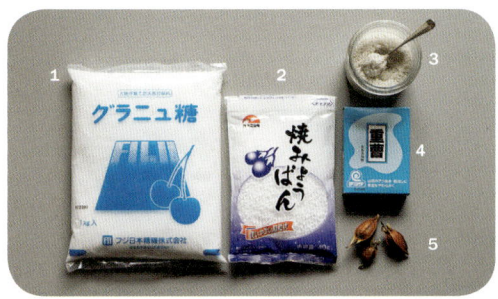

1. **그래뉼러당** 정제도가 높은 설탕으로, 저장 식품이 담백한 단맛을 내게 한다. 2. **소백반** 소백반을 녹인 물에 껍질을 깐 밤을 담그면 떫은맛이 제거될 뿐만 아니라, 밤이 뭉개지거나 변색하는 것을 막는다. 3. **소금** 감칠맛이 강해 식재료의 맛을 끌어 올리는 '게랑드 소금(과립)'을 추천한다. 4. **베이킹소다** 보늬밤 조림을 만들 때, 떫은맛을 빼기 위해 사용한다. 물을 여러 번 갈아가면서 베이킹소다를 넣은 물에 밤을 끓이면 속껍질의 떫은맛이 빠진다. 5. **치자 열매** 밤 설탕 조림에 더 선명한 색을 입히는 노란 색소. 열매를 깨서 밤과 함께 삶으면 시럽과 밤이 노랗게 물든다.

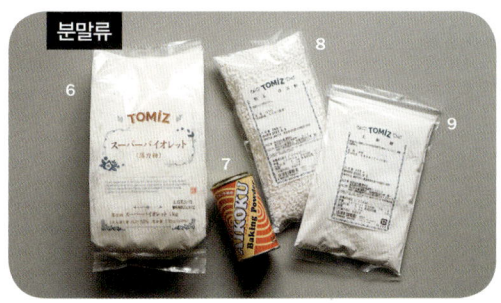

6. **박력분** 단백질 함량이 적어 가벼운 식감을 내는 닛신제분의 '슈퍼 바이올렛'을 사용한다. 빅토리아 샌드위치 케이크를 만들 때만 입자가 굵고 식감이 좋은 닛신제분의 '에크리튀르'를 사용한다. 7. **베이킹파우더** 폭신한 반죽을 만들 때 꼭 필요하다. 8. **시라타마코** 긴쓰바의 얇은 반죽이나 밤 다이후쿠 등에 들어가는 떡을 만들 때 쓴다. 화과자 특유의 쫄깃쫄깃한 식감을 만든다. 9. **조신코** 멥쌀을 가열하지 않고 분말 상태로 만든 고운 쌀가루. 우키시마의 반죽을 만들 때, 박력분과 섞어서 사용하면 식감이 좋아진다.

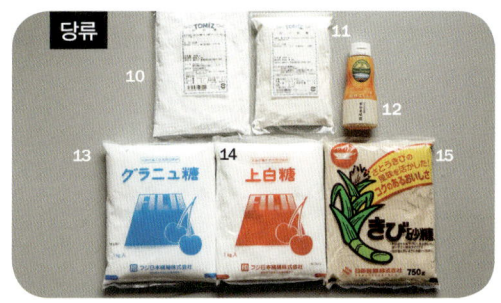

10. **분당** 입자가 고와 반죽에 잘 섞여 과자를 만들 때 전반적으로 사용한다. 장식용 아이싱 등에도 쓰인다. 11. **와산본당** 깊고 고급스러운 단맛을 낸다. 이 책에서는 몽블랑의 머랭에 넣는다. 12. **꿀** 서양과자와 화과자 반죽에 넣어 풍미를 입힌다. 13. **그래뉼러당** 무난한 단맛으로 식재료의 맛을 끌어올린다. 14. **백설탕** 진한 단맛을 낸다. 반죽을 촉촉하게 만들 뿐만 아니라, 구울 때 색이 좋아진다. 15. **사탕수수당** 독특하고 부드러운 단맛을 지녔다.

16. **아몬드 가루** 아몬드를 가루로 만든 제품. 구움과자의 맛을 결정할 만큼 풍부한 향을 자랑한다. 17. **인스턴트커피** 반죽이나 아이싱에 사용할 수 있도록 찬물에 녹는 타입을 쓰는 것이 편하다. 18. **코코아** 트러플 초콜릿을 만들 때 뿌리면 쌉싸름한 맛이 배가 된다. 19. **미크리오** 카카오버터를 분말 형태로 만든 제품. 소량의 초콜릿을 템퍼링할 때 쓴다. 20. **럼주** 밤과 잘 어울린다. 향이 진하고 풍부한 것을 쓰는 것이 좋다. 21. **비터 초콜릿** 레시피에 따라 카카오 함량이 56%인 제품과 66%인 제품을 구분해서 사용한다.

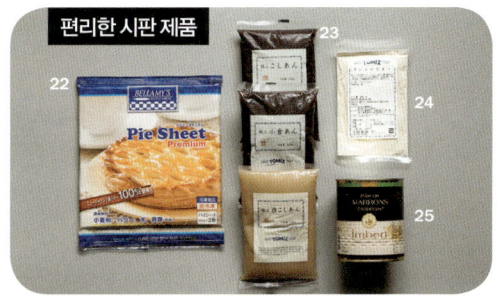

22. **냉동 파이 시트** 손이 많이 가는 파이 반죽을 간편하고 맛있게 해결해주는 제품이다. 23. **앙금** 화과자에 빠질 수 없는 앙금. 다양한 종류의 시판 제품을 부담 없이 이용할 수 있다. 위에서부터 부드러운 식감을 내는 고운 팥앙금, 팥의 식감을 어느 정도 남겨 팥의 풍미를 살린 통팥앙금, 콩 본연의 색과 풍미를 느낄 수 있는 백앙금. 24. **마롱 파우더** 이탈리아 캄파니아주 로카다스피데산 밤을 맷돌에 간 제품이다. 25. **마롱 페이스트** 유럽 밤과 설탕, 바닐라빈을 넣어 만든 진한 맛의 '엠베 마롱 페이스트'를 사용한다.

분말류

당류

향이나 풍미 입히기

편리한 시판 제품

밤 저장 식품에 사용하는 재료 | 제과에 사용하는 재료

Kurishigoto to Kuri no Okashi

Copyright © Masae Shimozono 2023

Photographs Wakana Baba
Layout Design Yuko Fukuma
Styling Misa Nishizaki

Originally published in Japan by Yama-Kei Publishers Co., Ltd.
Korean translation rights arranged with
Yama-Kei Publishers Co., Ltd., through Shinwon Agency Co., Ltd.

밤 베이킹

초판 1쇄 발행 2025년 9월 5일

지은이 시모조노 마사에
옮긴이 황세정

주간 이동은
편집 김주현
마케팅 장기석 성스레
제작 전우석 박장혁

발행처 북커스
발행인 정의선
마케팅 이사 사공성
이사 전수현

출판등록 2018년 5월 16일 제406-2018-000054호
주소 서울시 종로구 평창30길 10 (03004)
전화 02-394-5981~2(편집) 031-955-6980(마케팅)
팩스 031-955-6988

ⓒ 시모조노 마사에, 2025

ISBN 979-11-90118-93-4 (13590)

• 값은 뒤표지에 있습니다.
• 파본이나 잘못된 책은 구입하신 서점에서 교환해 드립니다.